中等职业教育专业技能课教材
中等职业教育中餐烹饪专业系列教材

# 西餐原料鉴别与选用

XICAN YUANLIAO JIANBIE YU XUANYONG（第2版）

主　　编　王　芳
副 主 编　刘海英　母健伟

重庆大学出版社

## 内容提要

根据教育部2005年《关于加快发展中等职业教育的意见》精神，中等职业学校要坚持科学发展观，以服务为宗旨，以就业为导向，以学生为中心，面向市场，面向社会，面向未来；根据经济结构和就业市场的需要，调整专业结构，加快发展新兴产业和现代服务业的相关专业，改革职业教育课程模式、结构和内容，开发新的课程和教材。为了适应当今职业教育发展的要求，培养适应西餐厨房岗位需要的技术性人才，我们编写了《西餐原料鉴别与选用》这本书。

本书既可作为中等职业教育中餐烹饪专业的教材用书，也可作为广大西餐爱好者的培训用书。

**图书在版编目(CIP)数据**

西餐原料鉴别与选用 / 王芳主编. --2版. -- 重庆:
重庆大学出版社，2021.7
中等职业教育中餐烹饪专业系列教材
ISBN 978-7-5624-9050-0

Ⅰ.①西… Ⅱ.①王… Ⅲ.①西式菜肴—烹饪—原料—中等专业学校—教材 Ⅳ.①TS972.118

中国版本图书馆CIP数据核字(2021)第008537号

中等职业教育专业技能课教材
中等职业教育中餐烹饪专业系列教材
**西餐原料鉴别与选用**
**(第2版)**
主 编 王 芳
副主编 刘海英 母健伟
责任编辑：史 骥 版式设计：史 骥
责任校对：姜 凤 责任印制：张 策
*
重庆大学出版社出版发行
出版人：饶帮华
社址：重庆市沙坪坝区大学城西路21号
邮编：401331
电话：(023) 88617190 88617185(中小学)
传真：(023) 88617186 88617166
网址：http：//www.cqup.com.cn
邮箱：fxk@cqup.com.cn(营销中心)
全国新华书店经销
重庆升光电力印务有限公司印刷
*
开本：787mm×1092mm 1/16 印张：9.5 字数：240千
2015年7月第1版 2021年7月第2版 2021年7月第6次印刷
印数：9 001—11 000
ISBN 978-7-5624-9050-0 定价：39.50元

## 中等职业教育中餐烹饪专业系列教材
## 主要编写学校

北京市劲松职业高级中学

北京市外事学校

上海市商贸旅游学校

上海市第二轻工业学校

广州市旅游商务职业学校

江苏旅游职业学院

扬州大学旅游烹饪学院

河北师范大学旅游学院

青岛烹饪职业学校

海南省商业学校

宁波市古林职业高级中学

云南省通海县职业高级中学

安徽省徽州学校

重庆市旅游学校

重庆商务职业学院

2012年3月19日教育部职成司印发《关于开展中等职业教育专业技能课教材选题立项工作的通知》（教职成司函〔2012〕35号），我社高度重视，根据通知精神认真组织申报，与全国40余家职教教材出版基地和有关行业出版社积极竞争。同年6月18日教育部职业教育与成人教育司致函（教职成司函〔2012〕95号）重庆大学出版社，批准重庆大学出版社立项建设中餐烹饪专业中等职业教育专业技能课教材。这一选题获批立项后，作为国家一级出版社和教育部职教教材出版基地的重庆大学出版社珍惜机会，统筹协调，主动对接全国餐饮职业教育教学指导委员会（以下简称"全国餐饮行指委"），在编写学校邀请、主编遴选、编写创新等环节认真策划，投入大量精力，扎实有序推进各项工作。

在全国餐饮行指委的大力支持和指导下，我社面向全国邀请了中等职业学校中餐烹饪专业教学标准起草专家、餐饮行指委委员和委员所在学校的烹饪专家学者、一线骨干教师，以及餐饮企业专业人士，于2013年12月在重庆召开了"中等职业教育中餐烹饪专业立项教材编写会议"，来自全国15所学校30多名校领导、餐饮行指委委员、专业主任和一线骨干教师参加了会议。会议依据《中等职业学校中餐烹饪专业教学标准》，商讨确定了25种立项教材的书名、主编人选、编写体例、样章、编写要求，以及配套教电子学资源制作等一系列事宜，启动了书稿的撰写工作。

2014年4月为解决立项教材各书编写内容交叉重复、编写体例不规范统一、编写理念偏差等问题，以及为保证本套立项教材的编写质量，我社在北京组织召开了"等职业教育中餐烹饪专业立项教材审定会议"。会议邀请了时任全国餐饮行指委秘书长桑建先生、扬州大学旅游烹饪学院路新国教授、北京联合大学旅游学院副院长王美萍教授和北京外事学校高级教师邓柏庚组成审稿专家组对各本教材编写大纲和初稿进行了认真审定，对内容交叉重复的教材在编写内容划分、表述侧重点等方面作了明确界定，要求各门课程教材的知识内容及教学课时，要依据全国餐饮行指委研制、教育部审定的《中等职业学校中餐烹饪专业教学标准》严格执行，配套各本教材的电子教学资源坚持原创、尽量丰富，以便学校师生使用。

本套立项教材的书稿按出版计划陆续交到出版社后，我社随即安排精干力量对书稿的编辑加工、三审三校、排版印制等环节严格把关，精心安排，以保证教材的出版质量。此套立项教材第 1 版于 2015 年 5 月陆续出版发行，受到了全国广大职业院校师生的广泛欢迎及积极选用，产生了较好的社会影响。

在此套立项教材大部分使用 4 年多的基础上，为适应新时代要求，紧跟烹饪行业发展趋势和人才需求，及时将产业发展的新技术、新工艺、新规范纳入教材内容，经出版社认真研究于 2020 年 3 月整体启动了此套教材的第 2 版全新修订工作。第 2 版修订结合学校教材使用反馈情况，在立德树人、课程思政、中职教育类型特点，以及教材的校企“双元”合作开发、新形态立体化、新型活页式、工作手册式、1+X 书证融通等方面做出积极探索实践，并始终坚持质量第一，内容原创优先，不断增强教材的适应性和先进性。

在本套教材的策划组织、立项申请、编写协调、修订再版等过程中，得到教育部职成司的信任、全国餐饮职业教育教学指导委员会的指导，还得到众多餐饮烹饪专家、各参编学校领导和老师们的大力支持，在此一并表示衷心感谢！我们相信此套立项教材的全新修订再版会继续得到全国中职学校烹饪专业师生的广泛欢迎，也诚恳希望各位读者多提改进意见，以便我们在今后继续修订完善。

重庆大学出版社

2021 年 7 月

# 前言

（第2版）

根据2014年《国务院关于加快发展现代职业教育的决定》和2005年《教育部关于加快发展中等职业教育的意见》精神，中等职业学校要坚持科学发展观，以服务为宗旨，以就业为导向，以学生为中心，面向市场，面向社会，面向未来；根据经济结构和就业市场的需要，调整专业结构，加快发展新兴产业和现代服务业的相关专业，改革职业教育课程模式、结构和内容，开发新的课程和教材。为了适应当今职业教育发展的要求，培养适应西餐厨房岗位需要的技术型人才，我们编写了《西餐原料鉴别与选用》这本书。

西餐原料鉴别与选用是西餐烹饪专业一门重要的专业核心课程，其主要目的是使学生掌握西餐烹饪各类原料的品名、主要营养成分、质地、产地、上市季节、性能、用途，掌握原料的检验、储存和保管等方法，具备西餐常用原料的鉴别与选用能力。本书包括西餐原料基础、植物性原料、动物性原料、调辅原料4个模块，12个项目，35个任务，教材编写模式以模块形式展开，以“项目导学—教学目标—案例导入—任务布置—任务实施—练习与思考”的体例来编写，在编写过程中考虑现代中职生的学习特点，采用图、文、表结合的形式，便于中职生对知识进行梳理，在“练习与思考”中以选择题、判断题的形式，帮助学生对知识进行复习与掌握，并辅以实践活动的作业，帮助学生将书本知识与实际结合，体现教、学、做于一体，将现代中职生认为枯燥的理论知识与实际相结合，更利于提高学生对本课程的学习兴趣。

本书共分为4个模块，由上海市第二轻工业学校讲师王芳担任主编，大连商业学校高级教师刘海英、大连烹饪职业中专讲师母健伟担任副主编，大连烹饪职业中专讲师魏相杰，黑龙江省大庆市蒙妮坦职业高级中学教师吕振波，重庆市旅游学校教师韩啸，上海市第二轻工业学校教师季丽雯、马晓亮担任参编，其中王芳老师负责模块1的编写，刘海英老师负责模块2中项目4的编写，母健伟老师负责模块3中项目3的编写，魏相杰老师负责模块2中项目2和项目3的编写，吕振波老师负责模块3中项目2的编写，韩啸老师负责模块 2 中项目 1 的编写，季丽雯老师负责模块 4 的编写，马晓亮老师负责模块 3 中项目 1 的编写，也特别感谢锦江麦德龙现购自运有限公司提供相关原料图片素材。

在各位读者的支持下，本书第 1 版得到了各方的好评，因此在第 2 版中对本书做了修订，新增了近年来一些西餐常用原料，并对一些重要原料进行了更详细的介绍，但毕竟此书是教材，无法将所有食材原料一一罗列，欠缺之处请读者谅解。

编　者

2020 年 8 月

# 前言

（第 1 版）

根据 2014 年《国务院关于加快发展现代职业教育的决定》和 2005 年《教育部关于加快发展中等职业教育的意见》精神，中等职业学校要坚持科学发展观，以服务为宗旨，以就业为导向，以学生为中心，面向市场，面向社会，面向未来；根据经济结构和就业市场的需要，调整专业结构，加快发展新兴产业和现代服务业的相关专业，改革职业教育课程模式、结构和内容，开发新的课程和教材。为了适应当今职业教育发展的要求，培养适应西餐厨房岗位需要的技术型人才，我们编写了《西餐原料鉴别与选用》这本书。

西餐原料鉴别与选用是西餐烹饪专业一门重要的专业核心课程，其主要目的是使学生掌握西餐烹饪各类原料的品名、主要营养成分、质地、产地、上市季节、性能、用途，掌握原料的检验、储存和保管等方法，具备西餐常用原料的鉴别与选用能力。本书包括西餐原料基础、植物性原料、动物性原料、调辅原料 4 个模块，12 个项目，34 个任务，教材编写模式以模块形式展开，以“项目导学—教学目标—案例导入—任务布置—任务实施—练习与思考”的体例来编写。在编写过程中考虑现代中职生的学习特点，采用图、文、表结合的形式，便于中职生对知识进行梳理，在“练习与思考”中以选择题、判断题的形式，帮助学生对知识进行复习与掌握，并辅以实践活动的作业，帮助学生将书本知识与实际结合，体现教、学、做于一体，将现代中职生认为枯燥的理论知识与实际相结合，更利于提高学生对本课程的学习兴趣。

本书共分为 4 个模块，由上海市第二轻工业学校讲师王芳担任主编，大连商业学校高级教师刘海英、大连烹饪职业中专讲师母健伟担任副主编，大连烹饪职业中专讲师魏相杰，黑龙江省大庆市蒙妮坦职业高级中学教师吕振波，重庆市旅游学校教师韩啸，上海市第二轻工业学校教师季丽雯、马晓亮担任参编，其中王芳老师负责模块 1 的编写，刘海英老师负责模块 2 中项目 4 的编写，母健伟老师负责模块 3 中项目 3 的编写，魏相杰老师负责模块 2 中项目 2 和项目 3 的编写，吕振波老师负责模块 3 中项目 2 的编写，韩啸老师负责模块 2 中项目 1 的编写，季丽雯老师负责模块 4 的编写，马晓亮老师负责模块3中项目1的编写，也特别感谢锦江麦德龙现购自运有限公司提供相关原料图片素材。

西餐原料具有多样性，由于本书是用于中职西餐烹饪专业的教材，受课时等限制，只将西餐中常用原料编入本书中，无法将所有原料都一一罗列，欠缺之处请读者谅解。

编　者

2015年5月

# 目录

# contents

# 目 录

contents

# 目录

contents

# 模块1

# 西餐原料基础

## 【项目导学】

什么是烹饪原料？世界上所有的生物是否都可以用作人类的食物？作为一名厨师，无论是中餐厨师还是西餐厨师必须熟悉各类原料，这关系着个人的职业发展，更关系着食用者的健康。

## 【教学目标】

### [知识教学目标]

①了解烹饪原料知识的重要性；
②掌握烹饪原料的定义；
③熟知烹饪原料应具备的条件。

### [能力培养目标]

能够辨别原料的可食性。

### [职业情感目标]

①正确认识原料可食性选择与职业道德的关系；
②激发学习兴趣，引起学习动机，明确学习目的，进入学习情境。

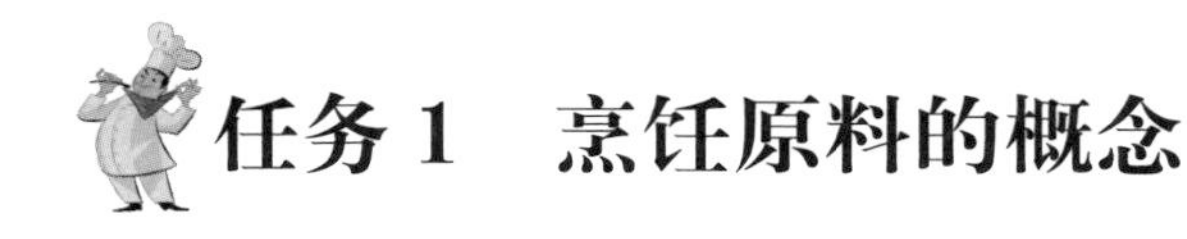

# 任务1　烹饪原料的概念

**[案例导入]**

2013年10月16日，中国台湾地区发生了“大统长基”油品名称与内容不符以及造假事件，大统长基公司生产的食用油品约百种，违规品项已超过半数，截至19日，该公司生产的食用油品逾九成被查出是黑心油。中国台湾地区黑心油事件被曝光之后，引发了一场食用油危机，台湾地区卫生福利事务主管部门对大统开出2 820万新台币的罚单，这是台湾地区单一食品厂遭罚的最高纪录。

**[任务布置]**

什么样的原料能作为烹饪原料?

**[任务实施]**

## 1.1.1　烹饪原料的定义

食物是人类赖以生存的物质基础，人类必须从外界环境中摄取必要的物质，才能维持正常的生命活动、体力活动等。烹饪原料泛指符合饮食要求，能满足人体的营养需求，可通过烹饪手段制作成各种食品的可食性原材料。

## 1.1.2　烹饪原料应具有的条件

世界有万物，并不是所有的物质都能作为人类的食物，能被用来制作成食物的原材料必须满足3个条件。

### 1）符合人体营养需要

绝大多数烹饪原料都或多或少地含有糖类、蛋白质、脂肪、维生素、矿物质和水六大营养素，能通过烹饪手段，被制作成美味健康的食物，这也是人体营养的主要来源。值得提出的是，每一种烹饪原料营养素种类、数量各有不同，如土豆中含有较多的淀粉，而菠菜中含有较多的维生素C，只有通过多种食物适当搭配，才能满足人体的营养需要，做到合理膳食。

### 2）符合人们的口感和口味要求

烹饪原料本身具有的口感和口味会影响菜肴成品的质量，因此，即使是含有丰富营养的原料，如果其口感和口味极差，并且不能使用现有技术加以改变的，也不能用作烹饪原料。

### 3）符合食用安全性要求

食用安全性比前两者更为重要。有些动植物营养价值高，口感口味良好，但含有有害、有毒物质，是不能用作烹饪原料的。还有一些含有致病菌的动物胴体，以及受化学污染或因微生物感染而变质的原料也不能用作烹饪原料。当然，也不乏有些原料本身便含有有害成分，但通过一定的加工工艺，其有害成分可以被消除，这种原料就能作为烹饪原料。例如豆角，生豆角因为含有皂甙，可刺激胃肠道黏膜，引起恶心、呕吐、腹泻等症状，但加热成熟后便不会对人体产生危害。

## 【练习与思考】

1. 烹饪原料应满足哪 3 个可食性条件？
2. 下列原料中（　　）是不可食用的？
   A. 西兰花　　B. 牛肉　　C. 生豆角　　D. 生菜

# 任务2　烹饪原料鉴别与选用的意义及方法

**[案例导入]**

图1.1是不同质量的两种西兰花。

图1.1　不同质量的西兰花

**[任务布置]**

你会选用上述西兰花中的哪一种来制作菜肴?

**[任务实施]**

## 1.2.1　烹饪原料鉴别与选用的意义

质量优良的烹饪原料是制作优质菜点的前提，对一名专业厨师来说，具备鉴别烹饪原料品质的能力，能按照菜点制作要求选择不同品质的原料，制作出符合色、香、味、形要求的菜点，是制作合格菜点的基础；对原料的正确鉴别与选用能提高原料的出成率，有效降低菜点的成本，是成本核算的基础；了解原料应有的品质，便于区别腐败变质原料及假冒伪劣原料，能有效防止危害人体健康的原料进入菜肴，从而避免危害食用者的健康。

## 1.2.2　烹饪原料鉴别的方法

### 1）烹饪原料鉴别的内容

烹饪原料的品质，首先应该具有一定的食用价值，即具有一定的营养价值，同时符合一定的卫生标准；其次，烹饪原料也应该具有良好的外部形态，使食用者有耳目一新的感觉。因此烹饪原料的品质可分为外部品质和内部成分两部分，外部品质主要指原料的色泽、香气、外观形状、成熟度、新鲜度等，而内部成分主要指原料所具有的营养成分、微生物含量、添加成分以及其他有害成分等。

### 2）烹饪原料鉴别的方法

烹饪原料的鉴别方法通常有感官鉴别和理化鉴别两种方法，因为烹饪原料的品质有的是人们直接能够感知的，如原料的颜色、香气等，有的品质是不能直接感知的，如原料的营养价值等。

感官鉴别顾名思义就是用人的感觉器官如眼、耳、口、鼻、手等对原料进行品质的鉴别，观察图 1.1 中的西兰花，左图的西兰花由于放置时间过长，花蕾略有张开，色泽呈黄绿色，品质较差，而右图的西兰花色泽碧绿，品质较好。理化鉴别就是利用各种仪器及试剂对原料品质进行鉴别，它可以精确分析出原料中所含的各种营养素种类及数量，也能找出原料中人们所知的有害物质，如油脂在一定条件下会发生氧化，在氧化初期还未产生较重的气味时是无法用鼻、眼等感官来鉴别的，却可以通过测定过氧化值来鉴别其是否发生氧化和氧化程度。

掌握原料的感官鉴别方法是厨师应具有的基本能力，也是必须掌握的能力，厨师必须能够通过感官鉴别、区别原料的品质，将原料物尽其用，并且保证其安全性。理化鉴别由于需要专业的分析仪器、试剂和更为专业的检验知识，是厨师无法掌握和使用的。对厨师来说，必须掌握的是原料的营养价值、可能存在于原料中的有害物质种类、食品添加剂的正确使用等相关知识，以制作合格的菜点。

### 1.2.3 烹饪原料选用的方法

掌握了烹饪原料的鉴别方法，就能根据菜点的要求合理选用烹饪原料。在选择烹饪原料时，要考虑菜点的质量要求，从原料的产地、生产季节、食用部位等方面合理选用原料，并在原料采购进入烹饪环节时，充分考虑其储存条件，防止烹饪原料腐败变质，确保制作出的菜肴在符合营养价值和安全性的前提下，具有一定的美观性。

## 【练习与思考】

1. 如何鉴别烹饪原料的品质?
2. 如何正确选用烹饪原料?

# 项目2

# 烹饪原料的分类及组织结构

## 【项目导学】

能作为烹饪原料的材料有很多，每个国家、每个地区在烹饪原料的使用上也呈现出各自的特点，但所有的烹饪原料都可以根据共性特点进行分类。

## 【教学目标】

### [知识教学目标]

①了解烹饪原料的意义、原则；
②掌握动物性原料、植物性原料的组织结构；
③熟悉烹饪原料的分类方法。

### [能力培养目标]

能够辨别原料所属类别。

### [职业情感目标]

①正确认识烹饪原料质量与使用中的成本控制；
②激发学习兴趣，引起学习动机，明确学习目的，进入学习情境。

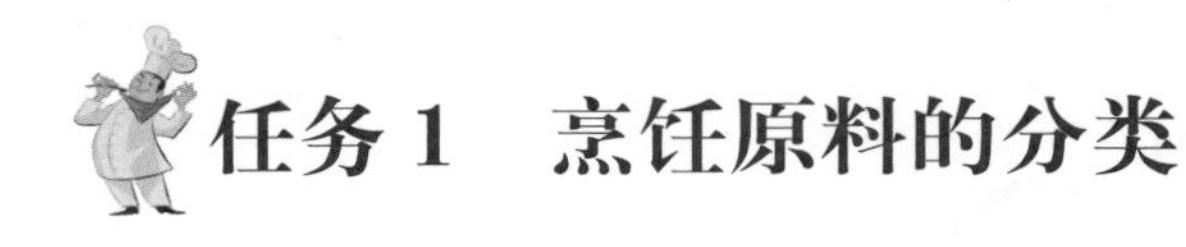

# 任务 1　烹饪原料的分类

**［案例导入］**

黑胡椒牛柳（图 1.2）是西餐热菜中经典菜肴之一，在这道菜肴中用到了牛肉、西兰花、胡萝卜、土豆等原料。

图 1.2　黑胡椒牛柳

**［任务布置］**

如何将上述原料进行归类？

**［任务实施］**

## 2.1.1　烹饪原料分类的意义和原则

### 1）烹饪原料分类的意义

①促进烹饪理论科学化。每种烹饪原料都具有一定的个性，而每类原料往往都具备一些共同的性质或特点。通过对烹饪原料进行分类，可以更好地结合现代自然科学知识，从理论的角度深化对原料知识的认识。

②促进烹饪原料的开发和利用。通过对烹饪原料进行分类，能将各种原料归纳分类，有利于烹饪工作者了解原料的利用情况，进一步促进原料的科学开发和合理利用。

③促进烹饪技术水平不断提高。通过对烹饪原料进行分类，能比较系统地认识原料的性质和特点，了解烹饪原料与烹饪技术的内在联系，有利于烹饪工作者对原料进行科学的选择、检验、保管、加工与烹调，从而促进烹饪技术水平的不断提高。

### 2）烹饪原料分类原则

①系统性原则。即在选择烹饪原料的某种分类方法时，应按照原料本身固有的自然属性和某种本质作为统一的标志。

②兼容性原则。即在某种分类方法的体系中能够兼容所应用的烹饪原料品种。

③简明性原则。即不管选择任何一种分类方法，各种原料的划分归属都应该一目了然，

层次结构清晰。

④实用性原则。即烹饪原料的分类应便于学习者掌握，能被烹饪工作者所接受，同时还需要兼顾商品流通领域和烹饪行业已有的分类习惯。

## 2.1.2　烹饪原料分类方法

### 1）按原料性质划分

**（1）植物性原料**

植物性原料分类如图 1.3 所示。

- 粮食类——谷类、豆类、薯类
- 果蔬类
  - 蔬菜类
    - 种子植物蔬菜品种：叶菜类、茎菜类、根菜类、花菜类、果菜类
    - 孢子植物蔬菜品种：食用藻类、食用菌类、食用地衣、食用蕨类
  - 果品类——鲜果、干果

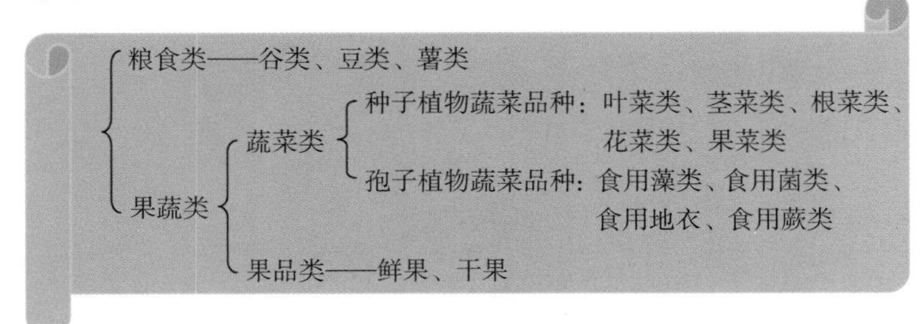

图 1.3　植物性原料分类

**（2）动物性原料**

动物性原料分类如图 1.4 所示。

- 家畜类：牛、羊、猪
- 家禽类：鸡、鸭、鹅
- 水产品类：鱼、虾、蟹、贝壳
- 乳品类：牛奶、奶油、奶酪
- 蛋类：鸡蛋、鸽蛋

图 1.4　动物性原料分类

**（3）调辅原料**

调辅原料分类如图 1.5 所示。

- 调味原料
  - 咸味调料
  - 甜味调料
  - 酸味调料
  - 鲜味调料
  - 香辛味调料
- 辅助原料
  - 食用油脂
  - 食品添加剂

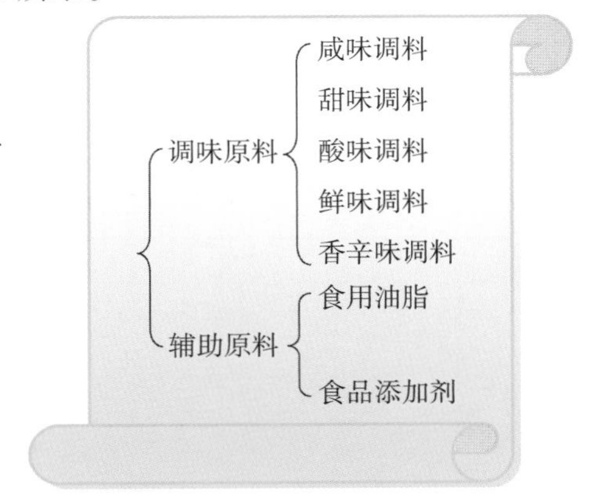

图 1.5　调辅原料分类

### 2）按原料加工方法划分

烹饪原料按加工方法划分如图 1.6 所示。

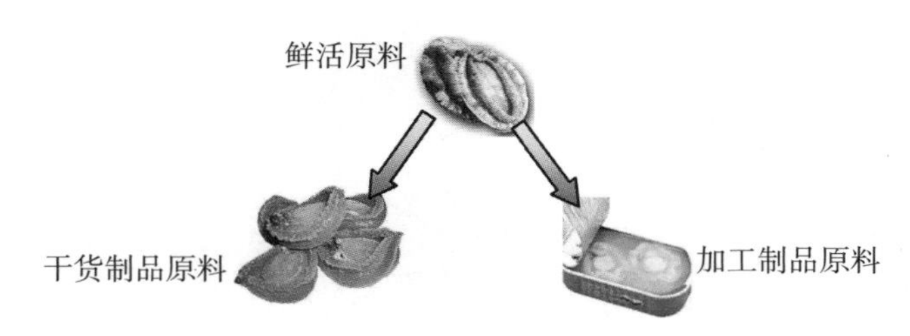


图 1.6　原料加工方法分类

### 3）按原料在菜点中的作用划分

烹饪原料按其在菜点中的作用划分如图 1.7 所示。

图 1.7　按原料在菜点中的作用分类

## 【练习与思考】

### 多项选择题

下列属于植物性原料的有（　　），属于动物性原料的有（　　），属于加工制品原料的有（　　）。

A. 牛肉　　B. 胡萝卜　　C. 辣根　　D. 牛奶
E. 鸡蛋　　F. 菠菜　　G. 方腿　　H. 鲑鱼
I. 大蒜　　J. 黑鱼子　　K. 青芥　　L. 奶酪

# 任务 2　烹饪原料的组织结构

**[ 案例导入 ]**

河豚，是一种肉质极为鲜美的洄游性鱼类，被誉为“鱼中极品”，千百年来一直是人们津津乐道的上等佳肴。几乎所有种类的河豚都含河豚毒素（TTX），它是一种神经毒素，人食豚毒 0.5 ~ 3 毫克就能致死。河豚最毒的部分是卵巢、肝脏，其次是肾脏、血液、眼、鳃和皮肤。河豚毒性的大小与它的生殖周期也有关系。晚春初夏时期，产卵的河豚毒性最大。这种毒素能使人神经麻痹、呕吐、四肢发冷，进而造成心跳和呼吸停止。

**[ 任务布置 ]**

对厨师来说，必须完全掌握原料的结构、特性，才能制作出安全的、可口的菜肴，常用的烹饪原料有哪些组织结构？又有哪些部位是可以食用的？

**[ 任务实施 ]**

## 2.2.1　植物性原料的组织结构

植物性原料主要有粮食、蔬菜、果品等，而这些原料大部分属于种子植物，种子植物的组织可分为分生组织和永久组织两大类（图 1.8）。永久组织分类如表 1.1 所示。

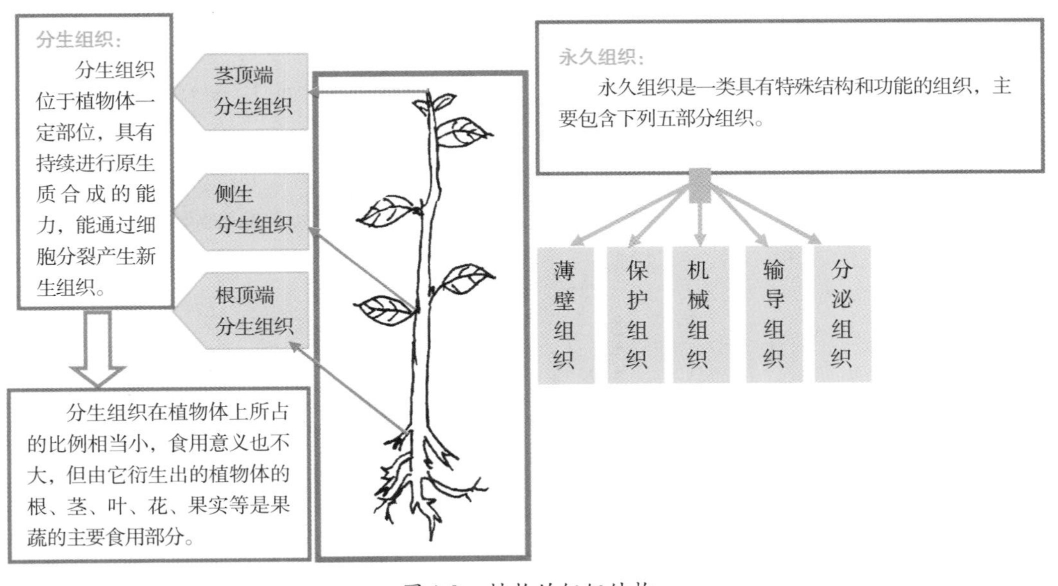


图 1.8　植物的组织结构

表 1.1　永久组织分类

| 永久组织类别 | 特　性 | 食用价值 |
| --- | --- | --- |
| 薄壁组织 | 是植物体最基本的组织，构成了植物体根与茎的皮层和髓、维管组织中的薄壁区域、叶的叶肉、花器官的各部分、种子的胚乳和胚、果实的果肉 | 果蔬的主要食用部分 |
| 保护组织 | 位于植物体表面，起保护作用，可防止水分过度散失、微生物侵害以及机械或化学损伤 | 食用价值低，但能保护果蔬，若保护组织过厚，则会影响果蔬的口感 |
| 机械组织 | 是植物体内起支持和巩固等机械作用的组织，常因细胞壁局部或整体加厚而导致角质化 | 在一些蔬菜中能增加脆嫩度，如芹菜、莴苣，但也会造成粗糙口感，食用时需处理 |
| 输导组织 | 是植物体内输导水分和养料的组织，细胞呈管状，上下连接，贯穿整个植物体 | 输导组织中发达的木质化会影响果蔬的质量 |
| 分泌组织 | 是植物体内具有分泌功能的组织，存在于植物体表面或体内，能产生分泌物，其分泌物是植物代谢的次生物质 | 使果蔬具有独特的芳香气味，也能产生一定的苦味 |

## 2.2.2　动物性原料的组织结构

动物性原料的组织种类较多，在烹饪中常用的组织主要有肌肉组织、结缔组织、脂肪组织和骨骼组织（图 1.9）。

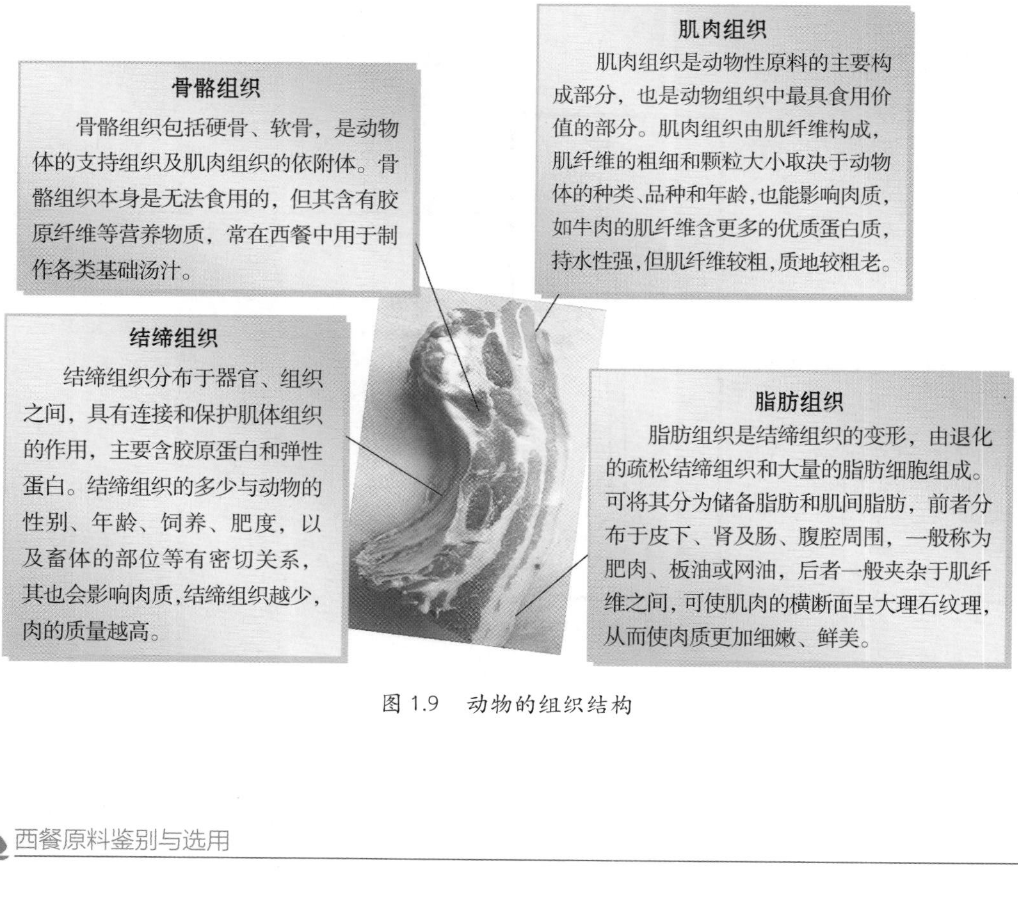

**骨骼组织**

骨骼组织包括硬骨、软骨，是动物体的支持组织及肌肉组织的依附体。骨骼组织本身是无法食用的，但其含有胶原纤维等营养物质，常在西餐中用于制作各类基础汤汁。

**肌肉组织**

肌肉组织是动物性原料的主要构成部分，也是动物组织中最具食用价值的部分。肌肉组织由肌纤维构成，肌纤维的粗细和颗粒大小取决于动物体的种类、品种和年龄，也能影响肉质，如牛肉的肌纤维含更多的优质蛋白质，持水性强，但肌纤维较粗，质地较粗老。

**结缔组织**

结缔组织分布于器官、组织之间，具有连接和保护肌体组织的作用，主要含胶原蛋白和弹性蛋白。结缔组织的多少与动物的性别、年龄、饲养、肥度，以及畜体的部位等有密切关系，其也会影响肉质，结缔组织越少，肉的质量越高。

**脂肪组织**

脂肪组织是结缔组织的变形，由退化的疏松结缔组织和大量的脂肪细胞组成。可将其分为储备脂肪和肌间脂肪，前者分布于皮下、肾及肠、腹腔周围，一般称为肥肉、板油或网油，后者一般夹杂于肌纤维之间，可使肌肉的横断面呈大理石纹理，从而使肉质更加细嫩、鲜美。

图 1.9　动物的组织结构

## 【练习与思考】

判断题

1. 结缔组织主要分布于肌肉组织中。（　　）
2. 薄壁组织是果蔬原料的主要食用部位。（　　）
3. 储备脂肪主要分布于肌纤维之间，起储存能量的作用。（　　）
4. 肌肉组织是动物性原料的主要构成部分，也是动物组织中最具食用价值的部分。（　　）

# 项目3

# 中西餐烹饪原料

## 【项目导学】

世界各地因气候、食俗以及季节的不同，形成了不同的饮食风格，在烹饪原料的使用上也有不同的特点，由此产生了中西餐的原料区别，但由于现代社会交通的日益便利、科技的发达、国际交流的增加，中西方烹饪原料在使用上呈现出了融合性。

## 【教学目标】

### [ 知识教学目标 ]

①了解中餐的特点；
②掌握西餐原料的特点。

### [ 能力培养目标 ]

能够欣赏西餐菜肴的装盘艺术。

### [ 职业情感目标 ]

①正确认识烹饪原料质量与使用中的成本控制；
②激发学习兴趣，引起学习动机，明确学习目的，进入学习情境。

# 任务 1　西餐烹饪原料的特点

**[ 案例导入 ]**

黑胡椒牛柳、洋葱汤、罐焖牛肉等是西餐中最经典的菜肴，这些菜肴在制作过程中不可避免地会用到烹饪原料，这些原料有着西餐自身的特点。

**[ 任务布置 ]**

西餐原料与中餐原料究竟有何不同?

**[ 任务实施 ]**

## 3.1.1　西餐概念

西餐这个词是由我国人民根据西餐菜肴所处的地理位置给予的名称。“西”是西方的意思，通常指欧洲各国，“餐”指饮食菜肴，所以我们常说的西餐就是对欧美各国菜肴的总称。

西方人对东方菜肴并没有统一的名称，一般都以国家来区分东方菜肴，如中式料理、日式料理以及泰式料理等，而中国对西方的菜肴为什么就统称为西餐？这是由于欧洲各国的地理位置较近，历史上也出现过多次民族大迁徙，因此在餐饮文化上早已相互渗透融合，彼此间存在很多共同之处。另外，大多数西方人信仰的天主教、东正教、新教都是基督教的主要分支，在饮食禁忌、进餐习俗上是基本一致的。而美洲和大洋洲各国，欧洲移民占有统治地位，其餐饮文化也与欧洲有共同之处，所以西餐在西方各国虽然有自己的特性，但它们的共性却更为突出。

## 3.1.2　西餐原料特点

由于西餐受地理位置、风俗习惯、饮食习惯的影响，形成了有别于中餐的特色，因此在西餐常用的原料中也显现出自身的特点。

**（1）西餐选料精细，质量要求高**

西餐菜肴中动物性原料使用比例要比植物性原料大，所以西餐对动物性原料的质量与规格要求更为严格，一般对不同部位的肉都有不同的烹饪手法。一般西餐菜肴要求动物性原料在制作时尽量不带或少带骨（表 1.2）。

表 1.2　西餐原料常用部位及处理方法

| 原料名称 | 西餐原料常用部位及处理方法 |
| --- | --- |
| 家禽类 | 常用腿部和胸部肉 |
| 鱼 | 鱼菲力，即鱼肉，一般去头尾、去骨去皮 |
| 虾、蟹 | 通常去壳 |

续表

| 原料名称 | 西餐原料常用部位及处理方法 |
| --- | --- |
| 家畜类 | 常用肋背部的肉，处理极其讲究，根据肋背部不同部位分别有不同的烹饪方法 |

**（2）西餐常用乳品制作菜肴**

在西餐中，无论是菜肴还是点心的制作，都会大量用到乳及乳制品，而且乳品品种丰富，除常见的牛奶外，还有奶油、黄油、酸奶、奶酪等，所以大多数西餐菜点都呈现出浓郁的奶香味。乳品除了能使菜肴呈现出奶香味，还有增稠的作用，如黄油、奶酪加在汤菜或沙司中能增加一定的浓稠度。

**（3）西餐用酒量大且品种要求高**

在西餐菜肴和点心制作过程中会大量使用不同的酒来调味，尤其是在法国菜中，用酒十分讲究，并且不同的原料要使用不同的酒来烹调，才能产生特定的香味。这一点同样适用于西餐用餐时饮用的酒。

**（4）西餐常用不同香草香料**

在西餐菜肴制作过程中常会用到不同品种的香草香料。蔬菜中的洋葱、大蒜、芹菜和胡萝卜在西餐中被称为“蔬菜香料”，使用相当广泛，几乎在所有的基础汤、原料的腌制中都能用到。除蔬菜香料外，还有诸如香叶、百里香、迷迭香、鼠尾草、薄荷等，这些都是西餐中经常用的香料品种。

## 【练习与思考】

请收集关于牛肉品质的各类资料，并展开讨论。

# 任务 2　中西餐烹饪原料的融合

## [ 案例导入 ]

香煎澳带（图 1.10）是西餐中的一道菜肴。

图 1.10　香煎澳带配红酒苹果

## [ 任务布置 ]

图 1.10 中，这道菜肴在配菜原料方面有了一些变化，用到了在中餐中常用的原料，请把它们找出来，并说明它们是如何搭配融合的。

## [ 任务实施 ]

### 1）中餐的特点

中餐指的是具有中国风味的餐饮。我国地域辽阔，包含众多民族，有着各具特色的饮食习惯。中餐的多样性使中餐在国际上享有盛誉。

**（1）中餐原料选用广泛**

中餐的原料使用广泛，每一种原料的特点会因为其品种不同、产地不同、部位不同、加工不同而各不相同。中餐将每一种原料的不同部位也做到了物尽其用，丝毫不浪费。

**（2）中餐注重刀工细致**

中餐最大的特点是刀工细致，尤其是菜肴通过刀工处理，能制成栩栩如生的鸟兽花草，具有强烈的艺术美感，如经剞刀法制成的松鼠鱼，其形态、口味令人赞不绝口。

**（3）中餐烹调方法多样**

中餐烹调的方法众多，是世界上首屈一指的，常见的就有几十种，全国各地也形成了许多具有浓郁地方色彩的地区性烹调法。中餐的调味也是一大特色，如粤菜讲究五滋六味，而川菜讲究七滋八味，正是调味的不同形成了中餐风味的多样性。

**（4）中餐菜品特色鲜明**

中餐强调菜肴的色、香、味、形、器俱佳，因此，中餐菜品丰富、特色鲜明，如鸭子在全国各地有各种不同的制作方法，能制成八宝鸭、烤鸭、香酥鸭、葫芦鸭等几十种菜肴，而且都具有各自的风味特点。

2）中西餐原料的融合

由于风俗习惯、气候的不同，地球上不同地区的人们对食材的运用有着自己的特点，同时也体现了中餐与西餐在原料运用中的不同。例如，西餐擅长运用乳制品制作菜肴，而中餐较少使用；由于饮食习惯的需要，西餐常使用少骨的鱼类原料，而中餐对鱼类原料的使用范围更为广泛。但随着国际交流的日益增进和交通运输的日益便捷，烹饪原料的运用不再有局限性，中西餐原料也开始互相融合，在西餐菜肴的制作中也出现了具有中餐特色的原料，而中餐菜肴的制作中也有了西餐原料的身影。图 1.11 是传统的煎鹅肝配苹果，图 1.12 是中西餐原料融合后的煎鹅肝配豆腐。

图 1.11　煎鹅肝配苹果

图 1.12　煎鹅肝配豆腐

## 【练习与思考】

请找两道吃过的中西餐原料融合的菜肴，并指出融合的原料是什么。

# 模块2

# 植物性原料

## 【项目导学】

无论是中餐还是西餐，蔬菜类原料一直是使用最为广泛的原料之一，且品种繁多。在餐饮中按蔬菜的可食部位可分为叶菜类、茎菜类、果菜类、根菜类、花菜类和食用菌类。

## 【教学目标】

### [ 知识教学目标 ]

①了解各类蔬菜原料的特点；
②掌握各类蔬菜原料的质地、性能、用途；
③熟悉蔬菜类原料的分类、品名、上市季节。

### [ 能力培养目标 ]

①能够正确选用各类蔬菜原料；
②能够合理使用蔬菜各食用部位。

### [ 职业情感目标 ]

①正确认识烹饪原料质量与使用中的成本控制；
②激发学习兴趣，引起学习动机，明确学习目的，进入学习情境。

# 任务1　叶菜类原料

**[案例导入]**

西餐冷菜中常出现的原料有蔬菜、水果、肉类、海鲜等，与中餐的不同之处在于西餐冷菜中的蔬菜通常都是生食，所以在制作时更应注意蔬菜的新鲜度和预处理时的清洁卫生。

**[任务布置]**

图2.1中的蔬菜沙拉由几种蔬菜构成？

图2.1　蔬菜沙拉

**[任务实施]**

叶菜类原料的可食部位主要是蔬菜的叶片、叶柄。叶菜类品种非常多，通常按其形状可分为普通叶菜（如菠菜、油菜、芥菜、茴香、香菜等）和结球叶菜（如洋白菜、团生菜、抱子甘蓝等）两类。叶菜类蔬菜在西餐中可用于制作冷菜、配菜、汤。

## 1.1.1　生菜（Lettuce）

生菜（图2.2）是莴苣的变种，常被称为变种莴苣、叶用莴苣、叶莴苣，原产于地中海沿岸，大约在公元5世纪传入我国。生菜品种很多，质地脆嫩，带有清香，有的会略带苦味。按其叶部形状可分为：

团叶生菜——叶内卷成球状，按其颜色又可分为青叶、白叶、紫叶和红叶。

花叶生菜——叶长而薄，皱纹大，叶边呈深刻锯齿状，色绿，叶散不结球，粗纤维多。

生菜中含有大量的水分，还含有丰富的维生素及矿物质，具有镇痛催眠、降低胆固醇、辅助治疗神经衰弱等作用。生菜中的甘露醇等成分，具有利尿和促进血液循环的作用。在西餐中生菜主要用于冷菜的制作，也可作为菜肴装饰，一般生食。

图2.2　各种生菜

新鲜的生菜叶质地较脆，叶面具有光泽，但如果不新鲜的生菜，其叶面有断口或褶皱的地方会因空气的氧化而产生褐变。由于生菜中含有大量水分，因此不耐储藏，在常温下一般只能保存 1 ~ 2 天。

### 1.1.2 菠菜（Spinach）

菠菜又名赤根菜、角菜等，属藜科植物。原产于亚洲西南部的古波斯（现伊朗）一带，唐朝时传入我国。菠菜含有丰富的钙、维生素 C 以及胡萝卜素，但也含有较多的草酸，会引起人体尿酸过高，需焯水后食用。菠菜叶鲜嫩多汁，红根味甘可食。按其叶片形状可分为尖叶菠菜和圆叶菠菜两种（表 2.1）。

**表 2.1 菠菜的分类**

| 名　称 | 特　点 |
| --- | --- |
| 尖叶菠菜 | 叶片呈箭头形，叶柄厚，根粗，含纤维素多 |
| 圆叶菠菜 | 叶片呈椭圆形，叶片大，叶肉肥厚，叶柄短，质地嫩，含草酸多 |

菠菜在西餐中用途较广，可以取其叶片经淖水后粉碎，制成菠菜泥（绿色意大利面条的颜色来源），也可用于制作汤菜或热菜的配菜，还可用于制作肉卷等菜肴。

### 1.1.3 芹菜（Celery）

芹菜属伞形科植物，原产于地中海沿岸，汉朝时经丝绸之路传入我国。芹菜质地脆嫩，营养丰富，具有特异香味。芹菜的品种很多（图 2.3），常见的有本芹，也称为药芹，是中国类型的芹菜，香味较浓郁；西餐中常使用的是西芹，也称为洋芹、大棵芹、美芹，比我国的芹菜茎长而粗，叶片更大，质地脆嫩，但香味不如本芹。芹菜中还有如荷兰芹、欧芹等品种，在西餐中常作为香料使用。

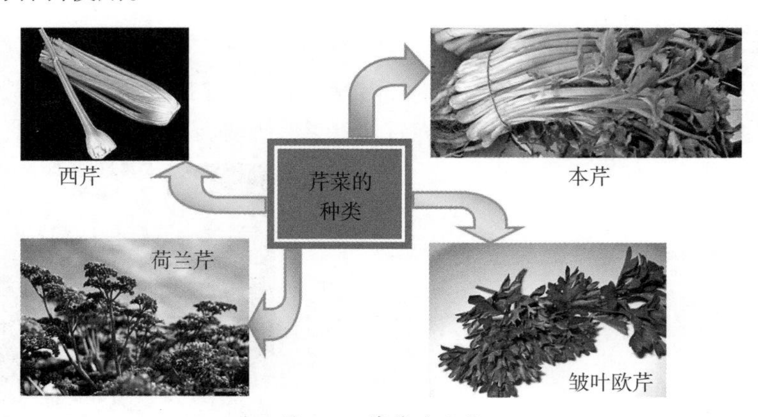


图 2.3 芹菜的品种

芹菜营养丰富，每 100 克芹菜中含蛋白质 2.2 克，钙 8.5 毫克，磷 61 毫克，铁 8.5 毫克，

芹菜还含有丰富的胡萝卜素和多种维生素等，对人体健康十分有益，其叶茎中含有挥发性的甘露醇，能增强人的食欲，具有一定的保健作用。

芹菜在西餐中可用于制作冷菜、热菜配菜、菜肴装饰等，也是西餐常用的蔬菜香料之一，还可用于制作基础汤、沙拉等。食用芹菜时，由于其含有较粗的纤维，一般在食用前需焯水，待纤维软化后口感较好。

### 1.1.4 洋白菜（Cabbage）

洋白菜又称结球甘蓝、圆白菜、卷心菜，属十字花科，原产于地中海。洋白菜按其叶形、颜色可分为白球、红球和皱叶 3 种。根据结球形状的不同，又可分为尖头型、圆头型和平头型（表 2.2）。

表 2.2 洋白菜的分类

| 分类方法 | 品　种 | 特　点 |
| --- | --- | --- |
| 按叶形、颜色分 | 白球 | 我国产销数量最多的是白球甘蓝 |
| | 红球 | 叶片紫红，叶面有蜡粉，叶球近圆形。既可生食，也可炒食 |
| | 皱叶 | 叶片卷皱，不像其他甘蓝的叶那样平滑。比其他甘蓝品种的质地更为细嫩、柔软，更适合生吃 |
| 按结球形状分 | 尖头型 | 叶球小，呈牛心形，中心柱高，结球松，叶片薄，质地一般，为早熟品种，一般于 5—6 月上市 |
| | 圆头型 | 叶球中等，圆形，结球紧，白绿色，质地较好，为中熟品种，上市比尖头型晚，一般于 6 月上市 |
| | 平头型 | 结球大而紧，扁圆形，中心柱短，叶片厚，质地好，属晚熟品种，一般于秋冬季上市 |

洋白菜富含维生素 C、维生素 $B_6$、叶酸和钾，且较耐储藏，是西餐烹调中重要的蔬菜之一，可做配菜、汤和冷菜等。

甘蓝中还有一种孢子甘蓝，在西餐菜肴中使用较多，其维生素 C 的含量比洋白菜高出近 3 倍，且含有丰富的微量元素。但孢子甘蓝制作成菜肴时会带有一些苦味，因此在烹调时应先焯水，或者与腌制肉制品搭配，才能使菜肴变得更加美味。

### 1.1.5 黄花南芥菜（Rocket）

黄花南芥菜（图 2.4）又称芝麻菜，形状像菠菜，属十字花科，原产于地中海沿岸地区，具有刺激的辣味和芝麻味。在西餐中常用于制作肉类的配菜，尤其是生牛肉片；还可用于制作沙拉等。但一般不能加热烹制，因为经过加热后，黄花南芥菜特别的风味会消失，成为普通的绿叶菜。

图 2.4 黄花南芥菜

### 1.1.6　菊苣（Radicchio）

菊苣（图 2.5）又称欧洲菊苣、法国苣荬菜、苦白菜等，属菊科多年生草本植物。菊苣略带苦味，口感脆嫩、柔美，富含胡萝卜素、维生素 C 以及矿物质，在西餐中大多用来做开胃菜或沙拉。

图 2.5　菊苣

图 2.6　茴香

### 1.1.7　茴香（Fennel）

茴香（图 2.6）有两种，中餐中常见的是菜茴香，又称茴香菜、山茴香，原产于地中海沿岸，在我国北方地区的菜肴中更常见，可用于调味、炒制、制作凉菜或制馅，而在西餐中常用作香料。西餐中常见的是球茎茴香，又称佛罗伦萨茴香、意大利茴香、甜茴香等，原产于意大利南部佛罗伦萨地区，是茴香的变种。球茎茴香富含钾，还含有蛋白质、糖、胡萝卜素、镁、铁等多种营养素，常用于榨汁或制作热菜配菜等。

## 【练习与思考】

一、选择题

1.（　　）属藜科植物，原产于古波斯。

A. 甘蓝　　B. 菠菜　　C. 芹菜　　D. 生菜

2.（　　）属十字花科，原产于地中海沿岸。

A. 甘蓝　　B. 菠菜　　C. 芹菜　　D. 生菜

3. 芹菜属生伞形科植物，原产于（　　）。

A. 地中海沿岸　　B. 西亚波斯　　C. 南美洲　　D. 欧洲南部

4.（　　）叶长而薄，皱纹大，叶边呈深刻锯齿状，色绿，叶散不结球，粗纤维多。

A. 团叶生菜　　B. 花叶生菜　　C. 紫叶生菜　　D. 红叶生菜

二、判断题

1. 生菜主要用于制作冷菜，并可作为各种菜肴的装饰品。　　（　　）

2. 本芹菜根小，棵高，实心，质地脆嫩。（　　）

3. 圆叶型菠菜叶长而薄，含纤维素较多，于秋冬季节上市，质量一般。（　　）

4. 甘蓝在西餐中使用非常广泛，可制成汤、配菜，也可用于制作冷菜。（　　）

## 三、实践活动——保鲜小实验

取 4 份相同品质的菠菜用下列保鲜方法保存，一周后观察 4 份菠菜的质地变化。

| 序　号 | 保鲜方法 | 时　间 | 保鲜度 |
| --- | --- | --- | --- |
| 1 | 保鲜袋，常温 | 1 周 | |
| 2 | 保鲜袋，冷藏 | 1 周 | |
| 3 | 保鲜膜，常温 | 1 周 | |
| 4 | 保鲜膜，冷藏 | 1 周 | |

# 任务 2　茎菜类原料

## [ 案例导入 ]

图 2.7 是大家熟悉的土豆。

图 2.7　土豆

## [ 任务布置 ]

土豆属于该植物的哪个部分?

## [ 任务实施 ]

茎菜类原料是以植物的嫩茎、变态茎作为可食部位的蔬菜。根据其可食用茎的部位不同可分为地上茎和地下茎两类，可食部位是植物的嫩茎属地上茎，如芦笋、竹笋、莴笋等，可食部位为地下变态茎的属地下茎，如马铃薯、莲藕等。茎菜类一般适用于短期储存，储存时间长会产生发芽、冒苔等现象。

### 1.2.1　芦笋（Asparagus）

芦笋（图 2.8）又称石刁柏、龙须菜，天门冬科多年生草本植物，属地上茎。原产于欧洲，清代传入我国。芦笋的营养价值很高，富含多种维生素、钙、铁，但几乎不含脂肪，具有抗癌、防病的作用。

图 2.8　芦笋

芦笋在使用中通常有白芦笋、紫芦笋和绿芦笋3种。白芦笋是芦笋未经过光合作用形成的，可在芦笋未出土时或出土后无光照的情况下采摘，质地白嫩清香。当芦笋长出泥土后，与光照产生光合作用，逐渐产生叶绿素，成为绿芦笋。紫芦笋是芦笋中的四倍体种，比绿芦笋体积大，纤维素含量少，含糖量高，因此味道更加清香可口，不易纤维化，口感极佳，是更为高档的原料。

挑选芦笋时一般以细嫩、短小的为好，如果根部已经发白，表示根部较老，在使用时必须去除，对于表皮较老的芦笋，需要去除表皮后再烹制，否则会影响口感。芦笋的贮藏可以用保鲜膜包裹后置于冰箱冷藏，一般最多放置 3 ~ 4 天。在西餐中，芦笋可用于制作冷菜、汤菜或热菜的配菜。

### 1.2.2 莴笋（Lettuce）

莴笋（图 2.9）又称莴苣，菊科草本植物，属地上茎。原产于阿富汗，隋唐时传入我国。其可食部分为肥大的地上茎，质地嫩脆，含水分多，味道鲜美。莴笋可生食，也可熟食，西餐中较少使用。

图 2.9　莴笋

图 2.10　土豆

### 1.2.3 土豆（Potato）

土豆（图 2.10）又名山药蛋、马铃薯、洋芋、洋山芋，茄科一年生草本植物，属地下茎。原产于南美洲，明代传入我国。土豆既可用作蔬菜原料，又因含有较高淀粉而作为粮食的替代品。

土豆的品种很多，有不同的分类。一般白皮土豆肉色呈白色，水分较大；黄皮土豆的外皮暗黄，肉色淡黄，淀粉含量高，口味较好；红皮土豆的外皮暗红，质地紧密，水分少，质量较次。

土豆非常耐储藏，较适宜储藏温度为 3 ~ 5 ℃，但如果储藏不当，会发芽或外皮变黑绿色，此时土豆中含有较高的龙葵素，食用后会中毒。

土豆在西餐菜肴中使用非常广泛，可用于制作冷菜、汤菜和热菜的配菜等。作为热菜配菜时，其形式也是多样的，常见的有炸制式，如炸薯条、薯角、薯饼等，也可以是煮制式，如橄榄形土豆、土豆球、荸荠形土豆，也可以是土豆泥、烤土豆等，一般水产类的热菜菜肴常会配煮土豆或土豆泥，而铁扒类的热菜菜肴多配炸薯条、烤土豆等。

### 1.2.4 洋葱（Onion）

洋葱又名葱头、球葱等，百合科草本植物，属地下茎，原产于亚洲西部。可食部位是其肉质鳞茎。按其颜色可分为白皮、黄皮和红皮 3 种（图 2.11）。

洋葱是西餐烹调中最基础的最主要的蔬菜之一，常作为西餐的蔬菜香料使用，可用于制作西餐冷菜、汤和沙司，也可用于制作各类小食，如炸洋葱圈等。

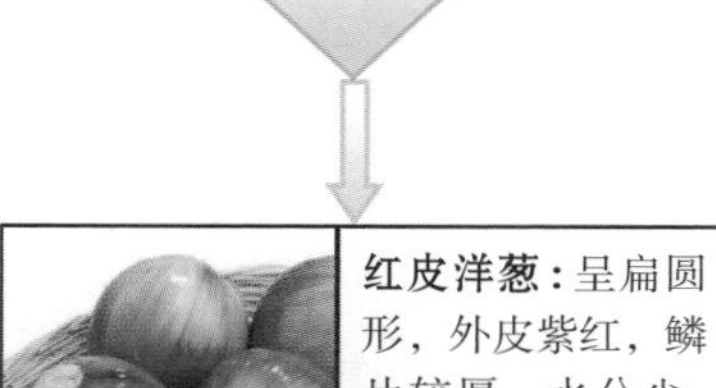



图 2.11　洋葱的种类

## 1.2.5　大蒜（Garlic）

图 2.12　大蒜

大蒜（图 2.12）又称蒜、蒜头、胡蒜等，百合科草本植物，原产于亚洲南部，汉代时传入我国。大蒜呈球形，外面包着薄薄的像纸一样的外皮，外皮里是一个个的蒜瓣。大蒜的品种繁多，按其皮色可分为紫皮大蒜和白皮大蒜。

大蒜具有很强的刺激性气味，在西餐烹调中常用于调味，是西餐的蔬菜香料之一，尤其是在意大利菜中使用尤为广泛。

## 【练习与思考】

### 一、选择题

1. 洋葱以肥大的肉质（　　）作为可食部分。
   A. 变态根　　B. 复态茎　　C. 鳞茎　　D. 幼茎
2. （　　）属茄科植物，原产于南美洲的智利、秘鲁。
   A. 土豆　　B. 胡萝卜　　C. 辣根　　D. 黄瓜
3. 土豆又名马铃薯、洋芋、山药蛋，属（　　）植物。
   A. 菊科　　B. 茄科　　C. 百合科　　D. 伞形科

### 二、判断题

1. 洋葱又名葱头，属百合科草本植物，原产于地中海沿岸。（　　）
2. 大蒜属百合科，多年生宿根植物，原产于亚洲南部。（　　）
3. 芦笋又称石刁柏，属天门冬科多年生草本植物。（　　）
4. 土豆属百合科多年生草本植物，原产于亚洲西部。（　　）

### 三、实践活动——种植小实验

取一个土豆，在______℃室温下，放置______天，待其表面长出嫩芽，将长出的嫩芽种植于土壤中，观察其生长。

# 任务3　根菜类原料

**[案例导入]**

图2.13是辣根与日式料理中常见的芥末。

图2.13　辣根与芥末

**[任务布置]**

辣根和芥末是什么关系?

**[任务实施]**

根菜类原料是以植物膨大的变态根作为食用部位的蔬菜。其根部通常是植物的储藏器官，含有大量的水分及糖类等营养物质。由于根菜类原料收割后都处于休眠期，因此其储藏期相对较长，但在储藏过程中也会因为储藏不当而产生根皮发黑、腐烂等现象。

## 1.3.1　胡萝卜(Carrot)

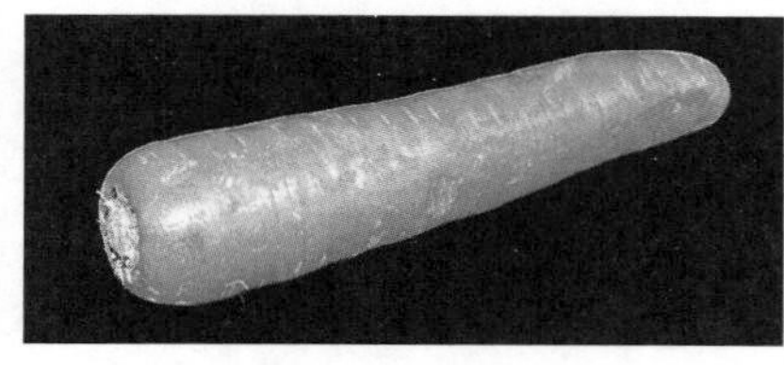

图2.14　胡萝卜

胡萝卜(图2.14)又名红萝卜、黄萝卜、黄根等，属伞形科一年生或二年生草本植物。原产于地中海沿岸和亚洲西部，元代传入我国。

胡萝卜的可食部位是其肥嫩的肉质直根，质细、脆嫩、多汁、味甜，具有特殊的芳香气味，并含有丰富的胡萝卜素、糖、钙等营养物质。按其颜色可分为黄、红、紫3种，其中黄色胡萝卜水分多，质脆，味微甜，质量较好。

胡萝卜在西餐烹饪中使用广泛，也是西餐常用的蔬菜香料之一，一般可以将其煮熟后制成蓉，用于制作汤菜、热菜的沙司，也可以制作冷菜，还可以制作成橄榄形、球形、条形等用作热菜菜肴的配菜。

现在比较流行使用的一种胡萝卜，个体非常小，因而被称为手指胡萝卜、迷你胡萝卜等，常用作热菜菜肴的配菜。

### 1.3.2 辣根（Horseradish）

辣根又称为马萝卜、山葵萝卜等，属十字花科多年生宿根植物。原产于欧洲南部，我国现在也有少量栽培。辣根的可食部位是其肉质根，长 30 ~ 50 厘米，外皮较厚，暗黄色，根肉白色，水分少，有强烈的辛辣味。辣根因含有黑芥甙、辣根酶、胆碱等特殊成分，具有刺激肠胃、增进食欲、增强人体免疫功能的作用。辣根在西餐中多用于调味，可制作成辣根沙司和辣根酱，佐食冷肉类及冻类菜肴。

### 1.3.3 红菜头（Beetroot）

红菜头（图 2.15）又名紫菜头、根甜菜等，属藜科二年生草本植物。原产于希腊，后传入东欧。红菜头糖分含量较高，并含有较丰富的纤维素和无机盐。

红菜头的可食部位是其变态的根茎，形状呈扁圆形，外皮黑红，因含有较多的甜菜红素，呈紫红或鲜红色，也有与糖分串色呈红白相间的花色。在西餐中主要用于制作沙拉和汤，也可用作菜肴的装饰原料。

图 2.15　红菜头

## 【练习与思考】

一、选择题

1. 辣根的可食部位是其（　　）。

A. 变态根　　B. 复态茎　　C. 肉质根　　D. 幼茎

2. 红菜头的可食部分是其（　　）。

A. 变态的根茎　　B. 复态茎　　C. 肉质根　　D. 幼茎

二、判断题

1. 胡萝卜中黄色胡萝卜水分多，质脆，味微甜，质量较好。（　　）

2. 辣根主要用于制作辣根沙司，佐食冷肉类及冻类菜肴。（　　）

3. 红菜头色泽鲜艳，常用来制作沙拉、汤以及配菜，并可作为菜肴的装饰原料。（　　）

三、实践活动——天然色素小实验

取红菜头 100 克，分别放入水、醋水、碱水中进行下列实验，观察其变化情况。

| | 水 | 醋　水 | 碱　水 |
|---|---|---|---|
| 浸泡至红菜头成白色所需时间 | | | |
| 加热煮沸后水的颜色 | | | |

# 任务 4　果菜类原料

**[ 案例导入 ]**

意大利菜讲究原汁原味，注重食物的本质，菜味浓厚；注重传统菜式，红烩、红焖类菜肴较多，而如今流行的烧烤、铁扒类菜肴较少；突出食物的本味，讲究直接利用菜品自身的鲜美味道，调味直接、简单，常用番茄酱、橄榄油、香草、红花等调味。意式菜肴的名菜有：肉末通心粉、意大利菜汤、意式馄饨、米兰式猪排、红焖鸡、匹萨饼等。

**[ 任务布置 ]**

意大利菜中红烩、红焖菜肴主要用的是番茄酱，制作番茄酱的主要原料是什么？

**[ 任务实施 ]**

果菜类原料是以植物的果实或种子作为可食部位的蔬菜，大多原产于热带地区。一般可分为豆类、茄果类和瓜类三大类。

## 1.4.1　番茄（Tomato）

番茄又名西红柿、红茄、爱情果等，属茄科一年生或多年生草本植物，原产于南美北部。番茄含有较多的糖、丰富的维生素 C、矿物质等。按其色泽和形状可分为红色、粉色以及樱桃番茄等（表 2.3）。

番茄的可食部位是其多汁的浆果。番茄在西餐中用途广泛，可用来制作冷菜、汤菜、沙司以及配菜，是番茄酱和番茄沙司的主要来源。

表 2.3　番茄的种类和特点

| 种　类 | 特　点 |
|---|---|
| 红色番茄 | 呈火红色，扁圆形，蒂小，肉厚汁多，味道甜，品质较好。熟食、生食均可，还可加工成番茄汁和番茄酱，一般每年 6—8 月上市 |
| 粉色番茄 | 呈粉红色，近似圆球形，肉厚汁多，质地面沙，品质也较好 |
| 樱桃番茄 | 小番茄，常见的有红色、黄色等颜色，肉厚多汁，适用于制作沙拉，也可用作配菜 |

## 1.4.2　辣椒（Pepper）

辣椒又叫番椒、海椒、辣子、辣角、秦椒等，属茄科一年生或有限多年生草本植物。原产于墨西哥、秘鲁等地，富含维生素 C 和胡萝卜素。

辣椒的种类繁多（表 2.4）。西餐菜肴中一般常用的是甜椒，但有些国家会使用带有辣

味的辛椒，如墨西哥。辣椒在西餐中用途相当广泛，通常可用来制作冷菜、热菜、沙司以及热菜配菜。

表 2.4　辣椒的种类

| 分类方法 | 品　种 |
|---|---|
| 按其辛辣程度分 | ①辛椒：味辛辣，果小肉薄<br>②甜椒：又称柿子椒，味甜、肉厚、果形大 |
| 按其形状分 | ①弯把青椒：个头大，把弯、根粗、肉厚，颜色为深绿色，味道甜辣，品质好<br>②直把青椒：个头小于弯把青椒，根细、把直、呈绿色，味道甜辣，品质较好<br>③包子椒：果实小，黄绿色，果肉薄，多籽味淡，品质较次 |
| 按其颜色分 | 青椒、红椒、黄椒等 |

## 1.4.3　茄子（Eggplant）

茄子又名茄瓜、落苏、矮瓜等，属茄科一年生草本植物，原产于印度。茄子含有较多糖、多种维生素以及铜、钙等矿物质，但因含有少量的茄碱甙而带有少量的苦味。

茄子从形状上可分为球形、扁球形、长条形以及倒卵形；从色泽上可分为黑紫色、紫色、紫红色、白色、绿色等。茄子在选用时应选择色正、有光泽、萼片有绿白色皮外露的，这样的茄子较嫩且无籽。同时还需选用无外伤的，被碰撞或刮伤的茄子容易褐变，影响菜肴的外观。因为有褐变作用，茄子应在刀工处理后马上加热烹制。茄子在西餐中常用于制作冷菜配菜等。

## 1.4.4　黄瓜（Cucumber）

黄瓜（图 2.16）又名胡瓜、刺瓜、吊瓜等，属葫芦科一年生或攀援草本植物，原产于印度。黄瓜含有较多的糖和维生素 C。

按其形状黄瓜可分为刺黄瓜、鞭黄瓜、秋黄瓜 3 种。常食用的是刺黄瓜，其表面疏生棘突，上有短刺，瓜形呈棒状，色泽翠绿带有光泽，瓜瓣小，瓜籽少，肉质洁白多汁脆嫩，口感清香，品质好。

在西餐中黄瓜一般为生食，多用于制作冷菜，也可用作配菜。

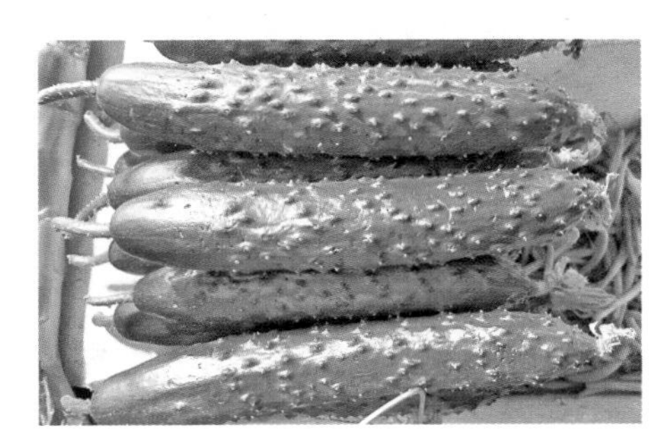

图 2.16　黄瓜

## 1.4.5　南瓜（Pumpkin）

南瓜（图 2.17）又名金瓜、番瓜等，属葫芦科一年生蔓生草本植物。原产于墨西哥，明代传入我国。南瓜含有丰富的胡萝卜素和维生素 C 等营养物质。

南瓜的嫩果或老熟果实都可食用，一般以果实结实、瓜形整齐、组织紧密、肉质肥厚的为佳。在西餐中最经典的菜肴是南瓜蓉汤，南瓜也可以用于制作热菜配菜或沙司。

图 2.17　南瓜　　　　图 2.18　节瓜

## 1.4.6　节瓜（Chieh-qua）

节瓜（图 2.18）又名毛瓜、水影瓜，是冬瓜的变种，属葫芦科一年生蔓生草本植物。原产于我国的广东、广西、海南等地，以表面有光泽，富有弹性、无色斑者为佳。

节瓜的营养丰富，含有碳水化合物、蛋白质、维生素 A、维生素 $B_1$、维生素 $B_2$、维生素 C、核黄素、果糖、胡萝卜素以及钙、铁等营养物质。在西餐中，节瓜常被切成圆片形、球形或橄榄形，制作成热菜配菜供人们食用。

## 1.4.7　豌豆（Pea）

图 2.19　荷兰豆

豌豆原产于埃塞俄比亚、地中海、中亚一带，为豆科豌豆属。可食用的豌豆主要有两种：一种是圆身的又名蜜糖豆或蜜豆，主要食用的是其豆粒；另一种是扁身的又名为青豆或荷兰豆（图 2.19），其豆粒已退化，主要食用的是其嫩荚。

豌豆含有较丰富的维生素、矿物质，具有增强人体新陈代谢的作用。在西餐中常用于制作冷菜或热菜配菜，一般会先焯水后再过冰水冷却，以保持其鲜亮的绿色。

## 【练习与思考】

一、选择题

1.（　　）熟食生食均可，还可加工成番茄汁和番茄酱，一般每年 6—8 月上市。

A. 红色番茄　　B. 粉色番茄　　C. 黄色番茄　　D. 樱桃番茄

2. 辣椒又称柿子椒、灯笼椒，属（　　）一年生或有限多年生草本植物。

A. 菊科　　B. 茄科　　C. 百合科　　D. 伞形科

二、判断题

1. 黄瓜属百合科多年生宿根植物。　　（　　）

2. 番茄的食用部位是其多汁的浆果。（　　）
3. 辣椒的品种很多，按其形状不同可分为弯把青椒、直把青椒、包子椒等。（　　）

## 三、实践活动——寻找番茄

到市场上寻找不同品种的番茄，完成下表。

| 番茄品种 | 色　泽 | 形　态 | 大　小 | 价格（元/千克） |
|---|---|---|---|---|
| | | | | |
| | | | | |
| | | | | |
| | | | | |

# 任务5　花菜类原料

**[ 案例导入 ]**

图 2.20 中左边是常见的花，右边是经常食用的花菜。

图 2.20　花与花菜

**[ 任务布置 ]**

花和花菜有什么区别?

**[ 任务实施 ]**

花一般分为花柄、花托、花萼、雌蕊群、雄蕊群。花菜类蔬菜是以植物的花冠、花柄、花茎作为可食用部位的蔬菜。

## 1.5.1　花椰菜（Cauliflower）

花椰菜又名菜花、花菜、洋花菜等，为十字花科甘蓝的变种的花球，原产于欧洲。食用部位是其变态的花蕾，花椰菜色泽洁白，肉厚坚实，质地细腻，所含纤维分布均匀，口感好，且风味鲜美，易消化。

花椰菜含有较丰富的维生素和矿物质，尤其是维生素 C 含量较高，在西餐中常用于制作冷菜、汤菜、热菜配菜以及制成蓉等。

## 1.5.2　西兰花（Broccoli）

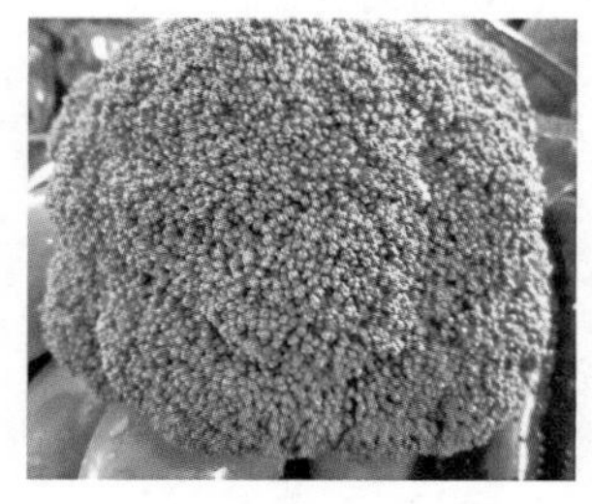

图 2.21　西兰花

西兰花（图 2.21）又名绿菜花、茎椰菜、意大利花椰菜，是十字花科甘蓝的一个变种，原产于意大利。西兰花的可食部位是其松散的小蓓蕾及嫩茎，其主茎顶端呈深绿色球状，色泽鲜艳，结球不紧密，质地脆嫩。

西兰花营养丰富，含有蛋白质、糖、脂肪、维生素和胡萝卜素等营养成分，位居同类蔬菜之首。挑选时应该选用色泽深绿、质地脆嫩、花蕾未开、无腐烂以及无虫伤的西兰花。西兰花储藏时间过长或储藏环境不恰当时，其花蕾会打开，色泽变黄绿，影响美观及营养效果。在西餐中，西兰花常用于制作冷菜及热菜配菜。

### 1.5.3　朝鲜蓟（Artichoke）

朝鲜蓟（图 2.22）又名洋蓟、洋百合等，属菊科多年生草本植物，原产于地中海沿岸地区。可食部位是其花蕊和花萼的根部，味道清淡、生脆，带有涩味含有蛋白质、糖类、多种维生素以及矿物质。切开后的朝鲜蓟易产生褐变。

图 2.22　朝鲜蓟

挑选朝鲜蓟时应选用花蕾紧密、较重，花萼没有干枯的，在折断其茎后，如果断面呈深绿色，一般较新鲜，如果断面呈黑色，则太老。在西餐中朝鲜蓟常用于制作汤菜及热菜配菜。

## 【练习与思考】

一、选择题

1. 花椰菜的可食部位是其变态的（　　）。
   A. 根茎　　B. 复态茎　　C. 花蕾　　D. 幼茎
2. 西兰花的可食部位是其松散的小花蕾及（　　）。
   A. 根茎　　B. 复态茎　　C. 嫩茎　　D. 幼茎

二、判断题

1. 花椰菜又名菜花，属十字花科甘蓝的变种的花球。（　　）
2. 朝鲜蓟被折断茎后，若断面呈黄绿色，一般较新鲜。（　　）

三、实践活动——储存实验

取一棵西兰花，在不同的时间观察其花型变化，完成下表。

| 时　间 | 花　型 | 色　泽 |
| --- | --- | --- |
| 三天 | | |
| 一周 | | |
| 两周 | | |
| 三周 | | |

## 【项目导学】

粮食是指可以制作成各种主食的原料的统称，粮食的营养成分主要是以淀粉为主的糖类，可以满足人体生理、生活、生产等活动的需要。可以作为粮食的原料有很多，我们将其归类为谷类、麦类以及杂粮类三大类。

## 【教学目标】

### [ 知识教学目标 ]

①了解各类粮食原料的特点；
②掌握各类粮食原料的分类、质地、性能、用途、上市季节；
③熟悉面粉、意大利面条等原料的品名、特点。

### [ 能力培养目标 ]

①能够正确选用各类粮食原料；
②能够合理使用各类粮食原料。

### [ 职业情感目标 ]

①正确认识烹饪原料质量与使用中的成本控制；
②激发学习兴趣，引起学习动机，明确学习目的，进入学习情境。

# 任务 1　稻米类原料

**[ 案例导入 ]**

如图 2.23 所示的米饭布丁是西餐中常见的一道菜肴。

图 2.23　米饭布丁

**[ 任务布置 ]**

西餐中常用米制作哪些菜点?

**[ 任务实施 ]**

## 2.1.1　稻米类原料的特点

稻米即大米，是将水稻碾制脱壳后所得，使用的主要是印度次大陆、中南半岛、我国南方的热带和亚热带地区原生品种。

### 1）稻米的分类

稻米的品种有很多，按其生长的自然环境可分为水稻和旱稻两种，我国主要栽培的是水稻。按其生长期的长短可分为早稻、中稻和晚稻。按其米粒性质的不同可分为籼米、粳米、糯米以及特色米。

### 2）稻米的结构

一般可将稻米分为谷皮、糊粉层、胚乳和胚芽 4 个部分，每一部分的营养成分及作用都有所不同（图 2.24）。

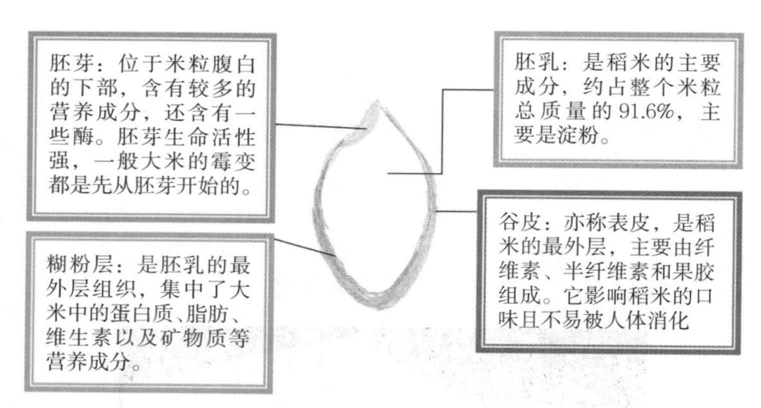


图 2.24　稻米结构

## 2.1.2　稻米类原料的品种及运用

### 1）稻米的常见品种

稻米的品种及特性如表 2.5 所示。

表 2.5　稻米的品种及特性

| 品　种 | 图　片 | 外　观 | 硬　度 | 黏　性 | 胀　性 | 口　感 |
|---|---|---|---|---|---|---|
| 粳米 | | 色泽蜡白，透明或半透明 | 大 | 适中 | 适中 | 柔软而富有弹性 |
| 籼米 | | 呈扁圆形，色泽灰白，半透明或不透明 | 小 | 小 | 大 | 松散不合口，干且粗糙 |
| 糯米 | | 色泽呈乳白，不透明 | 适中 | 大 | 小 | 软糯 |
| 黑米 | | 是世界上较名贵的稻米，属特色米，其外皮墨黑 | 适中 | 一般 | 小 | 柔润醇香，质地细密 |

2）西餐中常用的米

稻米也是西餐中常用的粮食原料之一，常用于制作肉类和海鲜菜肴的配菜，也可以用于制汤及甜点（表 2.6），但与中餐不同的是，西餐中米饭会煮至中间保持白心，而不煮至全熟。

表 2.6　西餐中常用的米

| 种　类 | 特　点 | 用　途 |
| --- | --- | --- |
| 长粒米<br>（Long-grained Rice） | 外形细长，含水量较少。成熟后蓬松，米粒容易分散 | 制作主菜和配菜 |
| 短粒米<br>（Short-grained Rice） | 椭圆形，含水量较多。成熟后黏性大，米粒不易分开 | 制作布丁（Pudding） |
| 营养米<br>（Enriched Rice） | 经过加工的米，或在米粒的外层包上各种维生素和矿物质的米，用于弥补大米在加工中损失的营养 | 煮、烩、焖 |
| 半成品米<br>（Converted Rice） | 煮成半熟的米，米粒坚硬，易于分散，其特点是烹调时间短，味道和质地不如长粒米，但是它的营养价值仍然保持完好 | 饭店业和西餐业常使用的大米 |
| 即食米<br>（Instant Rice） | 即食米是经煮熟并脱水的大米，使用方便，价格高 | 煮、蒸和烩 |

## 【练习与思考】

一、选择题

1. 表皮是稻米的最外层，主要由纤维素、半纤维素和（　　）构成。
   A. 蛋白质　B. 淀粉　C. 果胶　D. 脂肪
2. 胚乳是稻米的主要营养成分，占整个米粒的（　　）左右。
   A. 61%　B. 71%　C. 81%　D. 91%
3. 稻米的霉变往往从（　　）开始。
   A. 表皮　B. 胚乳　C. 糊粉层　D. 胚芽
4. 粳米色（　　），透明或半透明，米质紧密，硬度大，不易碎。
   A. 乳白　B. 蜡白　C. 灰白　D. 淡黄
5. 籼米色（　　），半透明或不透明，米质疏松，硬度小，易碎。
   A. 乳白　B. 蜡白　C. 灰白　D. 淡黄

二、判断题

1. 稻米由表皮、糊粉层、胚乳、胚芽 4 个部分组成。（　　）
2. 稻米的品种很多，常见的有粳米、籼米、糯米、黑米。（　　）

## 三、实践活动——寻找美食

在西餐厅找到以稻米为主食或配菜的菜肴。

| 餐厅名称 | 菜　名 | 稻米的作用 | 价　格 |
|---|---|---|---|
| | | | |
| | | | |
| | | | |
| | | | |
| | | | |

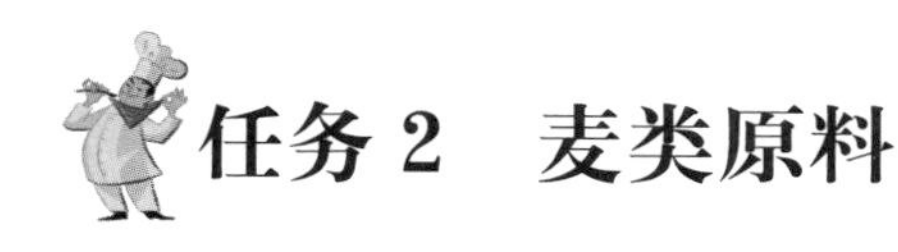

# 任务 2　麦类原料

**[ 案例导入 ]**

图 2.25 的巧克力布朗尼是西餐中常见的甜品，也是较受欢迎的一道点心。

图 2.25　巧克力布朗尼

**[ 任务布置 ]**

在制作布朗尼时需用到面粉，制作时对面粉有什么要求?

**[ 任务实施 ]**

## 2.2.1　麦类原料的特点与品种

### 1）麦类原料的特点

麦类原料是目前世界上分布最广、栽培面积最大的主要粮食作物之一。麦类具有坚硬的外壳，麦粒呈卵圆形或椭圆形，其内部构造与稻米相同，其表皮主要含有纤维素和半纤维素，人体较难消化，因此其表皮没有食用价值，麦类原料营养价值较高的是其糊粉层，主要含糖类、蛋白质、纤维素、脂肪和维生素等营养物质。

### 2）麦类原料的品种

**（1）小麦（Wheat）**

小麦是人类种植最早、世界分布最广、最重要的谷物之一，属禾本料植物。小麦的品种很多，主要有普通小麦、硬粒小麦、密穗小麦等。小麦根据播种的季节可分为春小麦和冬小麦两种，前者的质量较好；小麦根据麦粒性质的不同可分为硬麦和软麦两种（表 2.7）。

表 2.7　小麦的品种

| 小麦品种 | 特　点 | 应　用 |
|---|---|---|
| 硬麦 | 胚乳坚硬，半透明，蛋白质含量较多，筋力大 | 可制得高级面粉，用于制作面包、拉面等 |
| 软麦 | 胚乳松软，呈粉状，淀粉含量较多，筋力小，质量稍差 | 制作饼干、糕点等 |

小麦籽粒也是由表皮、糊粉层、胚乳、乳芽组成的，其中胚乳是面粉的主要原料。而面粉是制作西点和面包的主要原料，也是西餐中最常用的制作面食的原料之一。面粉的品种较多，不同品种的面粉通常可以制作不同的面点（表 2.8）。

**表 2.8　面粉的品种**

| 面粉的分类 | 面粉的品种 | 特　点 | 应　用 |
| --- | --- | --- | --- |
| 根据面粉的加工精度不同分类 | 特制粉 | 加工精度最高，色白质细，含麸量少，筋力强 | 制作精细面点 |
| | 标准粉 | 加工精度稍差，含麸量较高，色略黄，筋力较强，面筋质不低于 24% | 制作大众面点 |
| | 普通粉 | 加工精度最差，含麸量最高，色泽黄，筋力差 | 制作馒头等一般面点 |
| 根据面粉的面筋质含量不同分类 | 高筋粉 | 面筋质含量在 40% 以上，品质好 | 制作面包类面点 |
| | 中筋粉 | 面筋质含量在 26% ~ 40%，品质较好 | 制作馒头类面点 |
| | 低筋粉 | 面筋质含量在 26% 以下，品质一般 | 制作饼干、蛋糕等 |

**（2）大麦（Barley）**

大麦（图 2.26）又名元麦、牟麦、饭麦等，为世界古老的农作物之一。大麦的麦秆较软，麦粒比小麦大，蛋白质和脂肪含量都比小麦低，大麦中的聚葡萄糖有降低胆固醇的作用。与小麦相比，具有生长期短、易生长的优点。

大麦在古代是主要的谷物粮食，用大麦熬制的大麦粥是最早的麦片粥。大麦也是西餐中的次要食品，可以用作主食，也可以用来制作饮料或酒，同时大麦也是制作日本味噌的主要原料。

图 2.26　大麦

图 2.27　燕麦

**（3）燕麦（Oats）**

燕麦（图 2.27）又名雀麦、乌麦、杜老草、皮燕麦等，是硬谷类的一种，按品种类型可分为普通燕麦、地中海燕麦和沙地燕麦，其中普通燕麦质量最好。燕麦含丰富的蛋白质和脂肪，是所有谷物中食用价值最高的。英国和美国是燕麦食品的最大消费国。

燕麦可卷成薄片，也可磨成粗、中、细 3 种燕麦片，在西餐中常用燕麦制成麦片粥作为早餐食用。

## 2.2.2 意大利面条

意大利面条（图 2.28）是用硬粒小麦制成的面粉和水之后，再加入约 5% 的鸡蛋制成。依意大利当地的法律规定，市面上的干制意大利面必须由 100% 的杜兰小麦磨制成粗面粉，再加水揉制成面团制得。意大利面条的种类繁多，不同形态的面条可用于制作不同的菜肴（表 2.9）。

图 2.28　意大利面条

**表 2.9　意大利面条的品种及用途**

| 品　名 | 特点与用途 |
|---|---|
| 爱康·迪派波 | 呈米粒状，常用于制作汤 |
| 爱希尼 | 呈胡椒粒形，常用于制作沙拉、冷菜和汤 |
| 派菲尔·菲德利尼 | 呈蝴蝶形，常用于制作焗菜 |
| 康奇格列 | 呈贝壳形，常用于制作主菜、沙拉和冷菜 |
| 阿勒伯·马克罗尼 | 呈管状，空心，短小弯曲，常用于制作冷菜、沙拉和砂锅 |
| 费德奇尼 | 呈扁平形，较窄，常用于制作主菜 |
| 莱撒格娜 | 呈宽片形，边部卷缩，煮熟后，可在两片面条中间镶上熟制的馅，如香肠和熟肉、海鲜，配上新鲜的蔬菜及奶酪等 |
| 麦尼格迪 | 呈圆桶状，空心，直径较大，常用于制作瓤馅菜肴 |
| 奴得尔 | 呈扁平形，较宽，常用于制作主菜 |
| 斯派各提 | 呈圆形，细长，实心，常用于制作主菜和配菜 |
| 斯派各提尼 | 呈圆形，细长，实心，比斯派各提更细，常用于制作面条汤 |
| 斯泰利尼 | 呈小五星形，常用于制作沙拉和汤 |
| 沃米西里 | 呈非常细的实心圆形，常用于制作面汤 |
| 奥择 | 呈米粒形，常用于制作沙拉和汤 |
| 恺撒瑞奇 | 呈 S 形，约 5 厘米长，空心，常用于制作主菜和沙拉 |

意大利面条的色彩较丰富，在制作时如果加入了红菜头或红甜椒，面条会呈红色，若加入胡萝卜或番茄则呈橙色，加入番红花蕊或南瓜呈黄色，加入菠菜汁呈绿色，加入葵花籽粉末就呈灰色，而加入墨鱼的墨汁就呈黑色。

一般酒店使用的均为意大利面条干制品，须煮熟后再使用，在煮面条时可在水中加入盐，以增加面条的韧性，每一种不同的面条在其外包装上都会标明煮制时间，可根据需要的成熟度调节煮制时间，待捞出面条后需拌上食用油，防止粘连。

### 2.2.3 其他面食制品

1）饺子和面疙瘩

西餐中也常会出现一些与中国不同的饺子和面疙瘩的面食制品，这些制品没有固定的造型。西方的饺子会在擀成一大片的面片上均匀地放上馅心，盖上另一片面片，用刀或滚刀分割成小块，制作成方形、三角形等形状的饺子。制作而成的饺子可以使用煮、烤等方式制熟。西餐中的面疙瘩就是指面团或面块，可以直接放入锅中煮熟，也可以放入沙司中进行烩制，还可以煎。

2）库斯库斯

库斯库斯最早出现在阿尔及利亚北方和摩洛哥地区，现在也是北非、中东以及西西里岛居民的主食，其制作手法也非常简单。传统的库斯库斯是将盐水洒在全麦面粉中，拌和在一起，再用筛子筛出大小均匀的颗粒。因为库斯库斯颗粒非常小，所以制熟时不需要添加大量的水，甚至可以采用蒸的方法。

## 【练习与思考】

一、选择题

1. 麦的（　　）主要成分是纤维素和半纤维素，人体难以消化，没有食用价值。
   A. 表皮　　B. 糊粉层　　C. 胚乳　　D. 胚
2. 糊粉层除含有较多的蛋白质外，还含有纤维素、维生素和（　　），营养价值较高。
   A. 矿物质　　B. 葡萄糖　　C. 脂肪　　D. 果胶
3. 麦胚乳的主要成分是（　　）。
   A. 纤维素　　B. 葡萄糖　　C. 脂肪　　D. 淀粉
4. 标准粉含麸多，色稍带黄，面筋质不低于（　　）。
   A. 20%　　B. 22%　　C. 24%　　D. 26%
5. 燕麦共分为 3 种类型，其中以（　　）品质最好。
   A. 地中海燕麦　　B. 沙地燕麦　　C. 普通燕麦　　D. 熟制燕麦
6. 大麦的蛋白质和脂肪含量比小麦低，一般（　　）使用，常用来做汤。
   A. 整粒　　B. 打碎　　C. 炒熟　　D. 压片

## 二、判断题

1. 麦有坚硬的外壳，麦粒多为卵圆形或椭圆形。（　　）
2. 小麦是世界上分布最广的粮食作物之一。（　　）

## 三、实践活动——寻找意大利面条

在进口超市内寻找不同的意大利面条。

| 面粉名称 | 形　状 | 色　泽 | 价　格 |
| --- | --- | --- | --- |
| | | | |
| | | | |
| | | | |

# 任务 3　杂粮类原料

**[ 案例导入 ]**

图 2.29 是墨西哥人的主食——玉米制成的玉米片。玉米属于杂粮类原料。

图 2.29　墨西哥玉米片

**[ 任务布置 ]**

什么是杂粮?

**[ 任务实施 ]**

## 2.3.1　杂粮的特点

杂粮又名粗粮，主要有高粱、玉米、荞麦、糜子、黍子、薏仁、菜豆、绿豆、小豆、蚕豆、豌豆、豇豆、小扁豆、黑豆等，其特点是生长期短、种植面积小、种植地区特殊、产量较低，一般都含有丰富的营养成分。

## 2.3.2　杂粮类原料的品种与运用

### 1）玉米

玉米又名玉蜀黍、苞米、棒子、玉茭等，属禾本科植物，最早起源于南美洲墨西哥等地，迄今为止约有 5 000 年的栽培历史。玉米的种类很多，根据颜色可分为白色玉米、黄色玉米、杂色玉米 3 种；根据玉米粒及胚乳的特点，可分为硬粒型、马齿型、蜡质型、粉质型、甜质型等。

图 2.30　玉米笋

玉米含有糖类、蛋白质、脂肪以及矿物质等营养成分，在西餐中常用于制作冷菜、汤菜或热菜配菜，是墨西哥菜肴不可缺少的原料，玉米中提取的淀粉因其吸湿性强等特点而适用于制作西式点心。

玉米中还有一种新的美洲品种——玉米笋（图 2.30），也称为珍珠笋，具有味道清香、质地细嫩、色泽与形态美观等特点，在西餐中常用于制作冷菜和热菜配菜。

### 2）豆类

豆类泛指所有具有豆荚的豆科植物，也常用来称呼豆科的蝶形花亚科中的可食用和饲料用的豆类作物。豆类品种繁多，根据其营养成分可分为高蛋白、高脂肪的豆类，如黄豆、黑豆等；高糖类含量的豆类，如绿豆、赤豆等。根据豆类的形状、大小，可分圆球形，如豌豆和鹰嘴豆（图 2.31）；椭圆形，如赤豆和眉豆；扁椭圆形，如蚕豆和扁豆；肾形，如豇豆。

图 2.31　鹰嘴豆

豆类富含优质蛋白质、维生素以及矿物质等营养物质，常可以用于制作罐头或脱水制成干制品，是蔬菜中一年四季都可供应的品种。在西餐中常用于制作汤菜和热菜配菜。

## 【练习与思考】

### 一、选择题

1. 玉米最早起源于（　　）等地。
   A. 亚洲中国　　B. 南美洲墨西哥　　C. 非洲　　D. 意大利
2. 豆类在（　　）季节供应。
   A. 夏秋季　　B. 春季　　C. 一年四季　　D. 冬季

### 二、实践活动——寻找豆类食材

在附近的菜市场中找到不同的豆类食材。

| 名　称 | 形　状 | 色　泽 | 价　格 |
|---|---|---|---|
| | | | |
| | | | |
| | | | |
| | | | |
| | | | |

# 项目3

# 食用菌类原料

## 【项目导学】

食用菌又称菇或蕈，主要是指以肥大子实体供人们食用的一些真菌。食用菌因含有丰富的蛋白质而具有特殊的鲜香味。除蛋白质外，食用菌还含有较多的维生素、矿物质等营养物质，广受人们的喜爱。

## 【教学目标】

### [知识教学目标]

①了解食用菌的特点；
②掌握各类食用菌的品种、质地。

### [能力培养目标]

①能够正确选用食用菌；
②能够合理使用食用菌。

### [职业情感目标]

①正确认识烹饪原料质量与使用中的成本控制；
②激发学习兴趣，引起学习动机，明确学习目的，进入学习情境。

# 任务1　常用食用菌类原料

**[案例导入]**

图 2.32 的奶油蘑菇汤是一道经典的西餐汤菜，其主料是常见的蘑菇。

图 2.32　奶油蘑菇汤

**[任务布置]**

蘑菇在使用时常发生什么现象?

**[任务实施]**

## 3.1.1　鲜蘑（Mushroom）

鲜蘑（图 2.33）又名蘑菇，是层菌纲黑伞科的一种食用菌，原产于欧洲、北美以及亚洲温带地区。

鲜蘑口味鲜美，质地嫩脆，可鲜食，也可制作成罐头，在西餐中应用广泛，适用于制作冷菜、热菜、汤菜以及沙司。鲜蘑应选择形状完整，菌伞未张开，色泽正常的。若采摘时间过长或有碰伤，切开后表面容易发生褐变而颜色发黑，影响食用效果。

图 2.33　鲜蘑

## 3.1.2　香菇（Black Mushroom）

香菇又名冬菇、香信或香蕈等，是口蘑科菌类，也是世界著名的食用菌之一，我国南方和欧洲一些国家均有生产。我国是世界上最早栽培香菇的国家。成熟香菇有深棕色、圆形、大而平的菌盖，盖缘初内卷，后展平，其表面呈褐色或暗褐色，往往有浅鳞片，菌肉肥厚、呈白色，菌柄白色，有浓浓的肉味。在西餐中香菇主要用于制作沙司或热菜配菜。香菇的品种有花菇、冬菇和薄菇 3 种（表 2.10）。

表 2.10　香菇的种类

| 品　种 | 图　片 | 特　点 | 品　质 |
| --- | --- | --- | --- |
| 花菇 |   | 产于冬季的雪后，表面有花纹，肉厚，质地嫩，香味浓郁 | 香菇中的上品 |
| 冬菇 |   | 又称厚菇，产于冬季，肉厚，背部隆起，边缘下卷，无花纹 | 质量仅次于花菇 |
| 薄菇 |   | 又称平菇，产于春季，肉薄，不卷边，质地软老，香味淡 | 品质最次 |

## 【练习与思考】

### 一、选择题

1.（　　）质地嫩，香味浓郁，是香菇中的上品。

A. 花菇　　B. 冬菇　　C. 秋菇　　D. 薄菇

2. 鲜蘑若有碰伤，切开后表面容易发生（　　）而颜色发黑，影响食用效果。

A. 色变　　B. 还原　　C. 褐变　　D. 氧化

### 二、判断题

我国是世界上最早栽培香菇的国家。（　　）

### 三、实践活动——市场价格调查

单位：元 / 千克

| 名　称 | 春季价格 | 夏季价格 | 秋季价格 | 冬季价格 |
| --- | --- | --- | --- | --- |
| 鲜蘑 |  |  |  |  |
| 香菇 |  |  |  |  |

# 任务 2　珍贵食用菌类原料

**[ 案例导入 ]**

松茸收购恪守严格的等级制度，有 48 个不同的级别，从第一手的产地就开始严格区分。一级菌，个大，品质好，收购价格最高。此外，松茸价格还会随着产量多少发生变化，2014 年产量少，价格高。

松茸保鲜的期限是 3 天。商人们以最快的速度对松茸进行精致的加工，价格也随之飞升。例如，一只松茸在产地的收购价是 80 元，6 个小时之后，它就会以 700 元的价格出现在东京的超级市场中。

——摘自《舌尖上的中国》

**[ 任务布置 ]**

除了松茸，还有哪些是西餐中会用的珍贵菌类食材？

**[ 任务实施 ]**

## 3.2.1　羊肚菌（Morel）

羊肚菌（图 2.34）是野生食用菌，因其卵形菌盖表面有许多网状蜂窝凹坑，外观似羊肚而得名，属羊肚菌科。产于南欧以及我国云南、四川等地。羊肚菌是世界著名的美味食用菌，其子实体肉质脆嫩，口味鲜美，香甜可口，有泥土的味道，营养价值很高，常出现在西餐的高档菜肴中，一般用于制作蘑菇沙司或菜肴的配料。

图 2.34　羊肚菌

## 3.2.2　松露（Truffle）

松露是和青冈栎、栗树、榛树等树根共生的一类食用菌，气味特殊，含有丰富的蛋白质、氨基酸等营养物质，且产量稀少，与肥鹅肝、鱼子酱并称为世界三大美食原料。松露有黑、白两种（表 2.11）。

**表 2.11　松露的种类**

| 品　种 | 图　片 | 产　地 | 特　点 | 价　格 |
|---|---|---|---|---|
| 白松露 | | 只在意大利北部才采得到 | 有浓烈的香味，口味浓郁。一般在冬季有鲜货供应，常生食 | 价格昂贵 |

续表

| 品　种 | 图　片 | 产　地 | 特　点 | 价　格 |
|---|---|---|---|---|
| 黑松露 |  | 产自法国和意大利的野生森林，是西欧特有的一种野生菌 | 又称黑菌，表面坚硬，散发浓厚的香味，刀切有霜状花纹，常熟食 | 价格较昂贵 |

松露可切碎后放入调味汁中作为调味汁使用，也可用于装饰菜肴。松露一般不耐储藏，采摘后应尽快食用，否则会失去其特有的香味。现在有制作松露油或罐头松露的做法，以增加其保存时间。

### 3.2.3　松茸（Matsutake）

图 2.35　松茸

松茸（图 2.35）又名松口蘑、松蘑、松蕈等，属口蘑科菌类，分布于日本、朝鲜、北美和我国的吉林、云南等地，是名贵的野生食用菌。

松茸的肉质肥厚致密，口感鲜嫩，甜润甘滑，香气浓郁，可鲜食，也可制成罐头或脱水干制，在西餐中可用于制汤、配菜等。

## 【练习与思考】

一、选择题

1. 羊肚菌是野生食用菌，因其卵形菌盖表面有许多（　　），外观似羊肚而得名。
   A. 菊花瓣花纹　　B. 小凹坑　　C. 网状蜂窝凹坑　　D. 裂纹
2. 松露是（　　）特有的一种野生蘑菇。
   A. 东欧　　B. 中欧　　C. 西欧　　D. 北欧
3. （　　）和肥鹅肝、鱼子酱并称为世界三大美食原料。
   A. 螃蟹　　B. 鲑鱼　　C. 龙虾　　D. 松露
4. 松露主要产自意大利和（　　）的野生森林。
   A. 英国　　B. 法国　　C. 德国　　D. 瑞典

二、判断题

1. 羊肚菌口味鲜美，是食用菌类的上品，在西餐中常用来制作蘑菇沙司或菜肴的配料。（　　）
2. 松露主要产自意大利和法国的野生森林。（　　）

### 三、实践活动——寻找松露

在市场上寻找相关的松露产品。

| 产品名称 | 松露形态 | 价格（元/千克） |
| --- | --- | --- |
| | | |
| | | |
| | | |
| | | |

# 项目 4

# 果品类原料

## 【项目导学】

果品类原料一般是指木本类果树、部分草本类植物所产的可以直接生食的果实或种子。果品的品种很多，营养价值高，广受世界各地人们的喜爱，如美国菜最大的特点就是用水果来制作菜肴。

## 【教学目标】

### [ 知识教学目标 ]

①了解果品类原料的特点；

②掌握各类粮食原料的分类、质地、性能、用途、上市季节；

③熟悉果品原料的特点。

### [ 能力培养目标 ]

①能够正确选用各类果品；

②能够合理使用各类果品。

### [ 职业情感目标 ]

①正确认识烹饪原料质量与使用中的成本控制；

②激发学习兴趣，引起学习动机，明确学习目的，进入学习情境。

# 任务1　鲜果类原料

[ 案例导入 ]

图 2.36 的华尔道夫色拉是一道经典的美国冷菜，其原料有土豆、鸡肉和苹果，苹果在其中有调节口味的重要作用。

图 2.36　华尔道夫色拉

[ 任务布置 ]

在西餐中有哪些水果可以用来制作菜点呢？

[ 任务实施 ]

## 4.1.1　苹果（Apple）

苹果（图 2.37），其树为蔷薇科落叶乔木，产地广泛，品种很多，在我国主要分布在长江以北的广大地区。苹果按其生长期的不同可分为夏季苹果和秋季苹果两种（表 2.12）。在西餐中苹果主要用于冷菜和甜食；在热菜中主要用于腌制家禽和制作沙司。

图 2.37　苹果

表 2.12　苹果的种类

| 种　类 | 成熟期 | 质　感 | 口　味 | 储藏性 |
|---|---|---|---|---|
| 夏季苹果 | 7—8 月 | 果实疏松 | 酸 | 不宜储藏 |
| 秋季苹果 | 9—11 月 | 果实坚脆 | 酸甜 | 耐储藏 |

## 4.1.2　梨（Pear）

梨（图 2.38）是蔷薇科落叶乔木果实的总称，产于温带地区。梨的品种很多，一般可分

图 2.38　梨

为西洋梨和中国梨，西洋梨大约是在 19 世纪从意大利、美国、法国、俄罗斯等国引进我国的，而中国梨最普遍的为秋梨、沙梨、白梨。

梨呈圆形或坛形，质地脆嫩，多汁，味道甘甜，含有丰富的维生素 C。在西餐中多用于制作冷菜和甜食。

### 4.1.3　桃（Peach）

桃（图 2.39），其树为蔷薇科落叶小乔木，原产于我国。品种很多，按其生长条件、形态特征可分为北桃、南桃、蟠桃、黄桃、油桃等。

桃的形状端正，皮薄，色泽美观，粗纤维少，肉质软嫩，水分多，味道甜美带酸味。桃多为生食，在西餐中主要用于制作甜食。

图 2.39　桃

图 2.40　樱桃

### 4.1.4　樱桃（Cherry）

樱桃（图 2.40）又名含桃、莺桃等，属蔷薇科植物，原产于我国中部。其品种可分为中国樱桃、甜樱桃、酸樱桃以及毛樱桃，多于初夏成熟。

樱桃的果实较小，球形，鲜红光亮，肉质软糯，汁多味甜。新鲜樱桃不耐储藏，在西餐菜肴中多用作装饰，常见于冷菜和甜食，也可以制成热菜，还可用于加工成糖水樱桃罐头、樱桃酱以及酿制白兰地和樱桃酒。

### 4.1.5　蓝莓（Blueberry）

蓝莓（图 2.41）又名笃斯、甸果，杜鹃花科越橘属多年生低灌木，原产于北美洲与东亚。其果实呈蓝黑色，扁球形，直径约 1 厘米。

蓝莓富含花青素，具有较高的营养价值，是世界粮食及农业组织推荐的健康水果。在西餐中常用于蛋糕、甜点的制作。

图 2.41　蓝莓

图 2.42　醋栗

### 4.1.6 醋栗（Currant）

醋栗（图 2.42）又名灯笼果、山麻子、狗葡萄，为醋栗科植物，果实有红、黑两种，其中黑醋栗又称为黑加仑。在西餐中常用于蛋糕、甜点的制作。

### 4.1.7 鳄梨（Avocado）

鳄梨（图 2.43）又名油梨、牛油果，属樟科鳄梨属植物，是一种著名的热带水果，也是木本油料树种之一。鳄梨的果仁含油量为 8% ~ 29%，其提炼油是一种不干性油，没有刺激性，酸度小，乳化后可以长久保存。牛油果在西餐中常用来制作冷菜、沙司等。

图 2.43 鳄梨

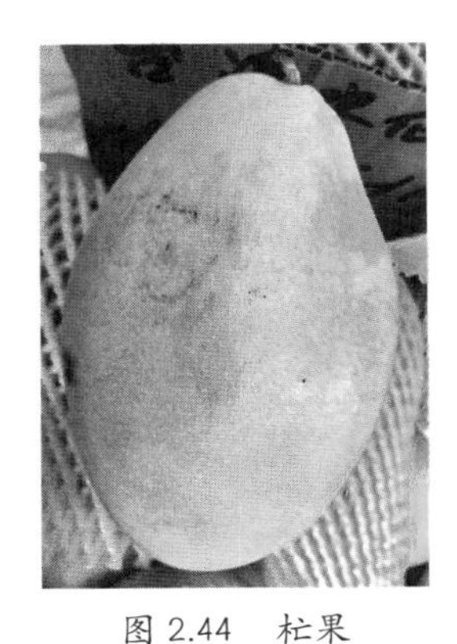

图 2.44 杧果

### 4.1.8 杧果（Mango）

杧果（图 2.44）又名檬果、蜜望子，为漆树科常绿大乔木的果实，原产于亚洲南部，我国广东、广西、福建、云南等省也有引种。杧果属热带水果，春末、夏季产的味道最好。

杧果主要有椭圆形和腰果形两类，颜色有红、黄以及橘色，其果肉细腻、味甜、汁多，具有独特的香气。杧果可以新鲜食用，也可以制成果汁、果干、蜜饯、果酒等，在西餐中可用于制作甜点、沙司等。

### 4.1.9 柑橘（Orange）

柑橘为芸香科植物，原产于我国，是世界上重要的水果之一。柑橘按其特征可分为柑、橘和橙 3 种（表 2.13）。在西餐菜肴中主要用于制作鲜食、甜点、冷菜以及少量热菜。

**表 2.13 柑橘的种类**

| 种 类 | 图 片 | 特 点 |
|---|---|---|
| 柑 类 | | 球形，果实较大，汁多味美，耐储存；果皮较紧，但可剥离，皮质粗厚纵多，颜色为橙黄色，品种有蜜柑、欧柑、芦柑等 |
| 橘 类 | | 品种较多，果实大小不一，果皮和颜色有橙黄色、淡黄色和朱黄色等；果皮皮面光滑，皮层较薄，且易剥离，品种有橘、早橘、乳橘等 |

续表

| 种 类 | 图 片 | 特 点 |
|---|---|---|
| 橙 类 | | 果实扁圆形，果皮与果肉连接紧密，不易剥离，品种有柳橙、雪橙和香水橙 |

## 4.1.10 柠檬（Lemon）

柠檬（图 2.45）又称黎檬子、宜母子、药果、柠果，为芸香科柑橘属植物，原产于地中海沿岸和马来西亚等地。柠檬呈圆形或卵圆形，色淡黄，表面粗糙，果皮厚，气味芳香，味道酸，主要含柠檬酸，含酸量达 6.4%。

柠檬在西餐中使用较多，常切开取其汁液作为酸味调味品（如沙拉），柠檬汁挤在肉块上，不仅可调味，还有助于消化。在海鲜类原料的烹调中柠檬用得更多。柠檬还可用于装饰菜肴。柠檬皮常切成细末给菜肴去腥增香。

## 4.1.11 草莓（Strawberry）

草莓（图 2.46）为蔷薇科多年生草本植物。原产于我国东北及欧洲。草莓品种很多，夏季产的最好。草莓的浆果形状有圆锥形、荷包形、扁圆形，果体被太阳照晒后成深红色，肉白色，柔软多汁，味道芳香独特，果下萼片和苞片展开。草莓可直接食用或制成果酱，是西餐甜点中常用的水果。

图 2.45 柠檬

图 2.46 草莓

2.47 葡萄

## 4.1.12 葡萄（Grape）

葡萄（图 2.47）又名蒲桃、草龙珠等，为葡萄科葡萄属木质藤本植物，是世界古老的水果之一。葡萄原产于黑海、里海以及地中海沿岸，现我国各地均有栽培。其品种很多，根据产地不同可分为欧洲品种群、东亚品种群和北美品种群，葡萄的果穗为众多果粒纵状排列，颗粒有圆形、长圆形，颜色有红、黑、绿、黄、紫蓝；内分有核无核，外皮均有白色蜡质粉末。

葡萄不仅酸甜可口，而且营养价值很高，具有帮助人体消化等作用。葡萄可生食，还可酿酒、制果汁、制罐头和果酱，在西餐中葡萄多用作装饰料和辅料，常见于冷菜和甜点，而葡萄酒在西餐菜肴制作及饮用中有着举足轻重的作用。

## 4.1.13　猕猴桃（Kiwi）

猕猴桃（图 2.48）又名奇异果、藤梨、羊桃等，为猕猴桃科藤本植物，原产于我国中南部，现在世界各国都有种植，是一种新兴的水果。

猕猴桃呈卵形，果肉多为绿色或黄色，果肉中间有黑色籽粒，味道酸甜，其所含维生素 C 较高。在西餐甜点中应用广泛，是一种美观的装饰型水果。

## 4.1.14　火龙果（Pitaya）

火龙果（图 2.49）又名青龙果、红龙果，因其外表肉质鳞片似蛟龙外鳞而得名。原产于中美洲热带，是热带、亚热带的名优水果之一。含有一般植物少有的植物性蛋白及花青素，还含有丰富的维生素和水溶性膳食纤维。

图 2.48　猕猴桃

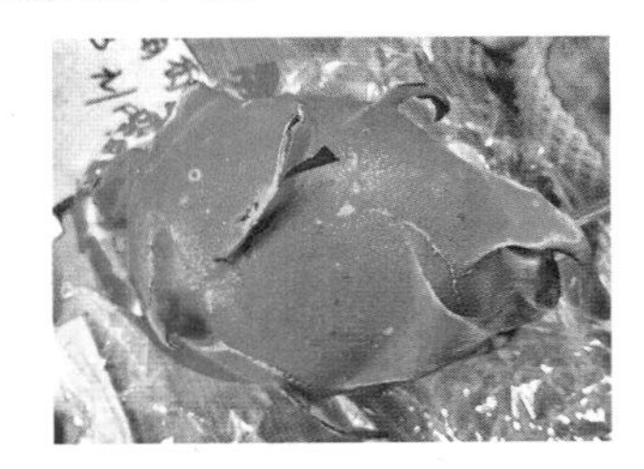

图 2.49　火龙果

图 2.50　菠萝

## 4.1.15　菠萝（Pineapple）

菠萝（图 2.50）又名凤梨，为凤梨科多年生草本植物，是热带水果。原产于巴西、巴拉圭等地，15—17 世纪传入我国，其品种有很多，可分为皇后类、卡因类、西班牙类 3 种。果实较大，果顶有冠芽，皮厚色黄，脆甜多汁，清凉爽口，可生食，也可作为辅料和装饰料，还可制成罐头食品。

## 4.1.16　木瓜（Papaya）

木瓜（图 2.51）又名番木瓜，为番木瓜科植物。木瓜果实长于树上，外形像瓜，故名木瓜。木瓜的乳汁是制作松肉粉的主要成分。木瓜果皮光滑美观，果肉厚实、香气浓郁、甜美可口、营养丰富，在西餐中常用于制作配菜和甜点。

图 2.51　木瓜

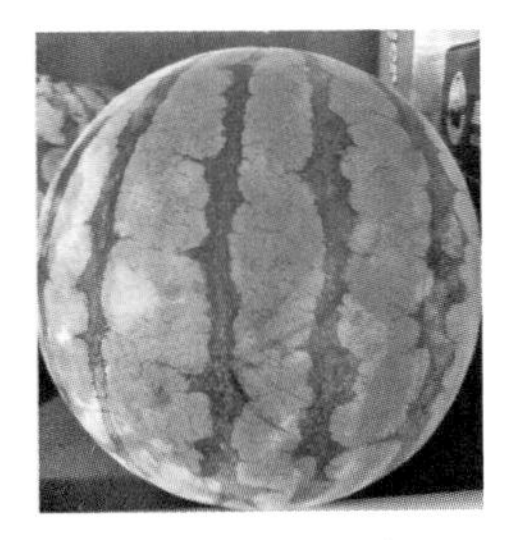

图 2.52　西瓜

### 4.1.17 西瓜（Watermelon）

西瓜（图 2.52）是葫芦科一年生蔓生藤本植物。原产于非洲撒哈拉沙漠，五代时传入我国。西瓜以果肉和种子作为食用部位，多呈圆形、椭圆形，颜色分为绿色、绿中夹蛇纹、白色等，瓜瓤多汁、味甜，食之爽口。在菜肴制作中多用作装饰材料，常见于冷盘和甜点。

### 4.1.18 哈密瓜（Hami-melon）

哈密瓜（图 2.53）是葫芦科植物甜瓜的一个变种，已有上千年的栽培历史，是我国新疆的特产。哈蜜瓜有 60 多个品种，个体较大，一般重 4 ~ 5 千克，表皮有青黄色、黄色等，瓜瓤有白、红、青等色，肉质细脆，多汁味甜，清香爽口，风味独特。通常作为瓜果鲜食，也可作为装饰使用。

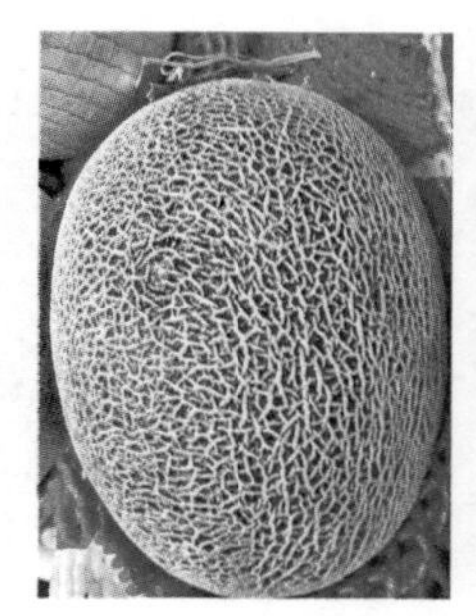

图 2.53　哈密瓜

图 2.54　香蕉

### 4.1.19 香蕉（Banana）

香蕉（图 2.54）属芭蕉科，原产于东南亚热带地区。其果实成串，后熟，在八成熟时采摘。完全成熟后的香蕉色泽金黄，果实为长圆形条状，肉质为浅黄色或白色，质地柔软糯滑，味道甘甜芳香，富有营养，主要适用于制作西餐的甜点等。

## 【练习与思考】

一、选择题

1. 梨质地脆嫩多汁，味甘甜，含有丰富的（　　）。
   A. 糖分　　B. 维生素 C　　C. 水分　　D. 矿物质
2. （　　）树属蔷薇科落叶乔木，在我国的产地主要分布于长江以北广的大地区。
   A. 苹果　　B. 梨　　C. 葡萄　　D. 桃
3. （　　）是木质藤本植物，是世界上古老的水果之一。
   A. 苹果　　B. 梨　　C. 葡萄　　D. 桃
4. 桃可分为北桃、南桃、蟠桃、黄桃、（　　）5 个品种。
   A. 猕猴桃　　B. 杨桃　　C. 油桃　　D. 水蜜桃

5. 柑橘按其果实特征可划分为（　　）3 个类型。

A. 柚、柑、柠　　B. 柚、柑、橘　　C. 柑、橘、橙　　D. 柑、橘、柠

6. 柠檬在西餐中可用于（　　）。

A. 装饰菜肴　　B. 制作配菜　　C. 制作沙司　　D. 调味

7. 香蕉属于后熟果实，在（　　）成熟时就得采摘，这样有利于运输。

A. 六　　B. 七　　C. 八　　D. 九

8. 菠萝品种很多，可分为皇后类、卡因类、（　　）类 3 种。

A. 葡萄牙　　B. 西班牙　　C. 墨西哥　　D. 菲律宾

9.（　　）属藤本植物，原产于我国中南部，现已有许多国家种植，是世界上的一种新兴水果。

A. 猕猴桃　　B. 黄桃　　C. 油桃　　D. 蟠桃

## 二、判断题

1. 苹果树属蔷薇科落叶小乔木，其果实产于我国。（　　）
2. 梨树属蔷薇科落叶乔木，其果实产于我国温带地区。（　　）
3. 桃树属蔷薇科落叶小乔木，其果实原产于我国。（　　）
4. 葡萄酸甜可口，但营养价值不高。（　　）
5. 柑橘按其果实特征可划分为柚、柑、柠 3 个类型。（　　）
6. 柠檬属芸香科柑橘属植物，原产于地中海沿岸和马来西亚等地。（　　）
7. 菠萝又称凤梨，为凤梨科多年生草本植物。（　　）
8. 香蕉属凤梨科多年生草本植物，原产于南美洲巴西。（　　）
9. 草莓属蔷薇科，为多年生草本植物，原产于亚洲。（　　）

## 三、实践活动——制作果酱

运用当季的水果制作果酱，并做以下记录。

水果名称：　　　　价格：　　　　重量：

将水果去皮、核，切小块，下锅熬制成果酱，可适度放入酸性物质如柠檬汁等，以防止有些水果发生褐变。

制得果酱重量：　　　　果酱色泽：　　　　果酱成本（元 / 千克）：

# 任务 2　干果类原料

**［案例导入］**

图 2.55 的核桃派是一道经过改良的西餐甜品，主要原料是核桃，具有松脆、香甜的特点。

图 2.55　核桃派

**［任务布置］**

有哪些干果可用于西餐制作？

**［任务实施］**

干果又名坚果，主要是植物的果实或者种子，大多外面覆盖有木质或革质硬壳，水分含量少，干而不裂开，质地坚硬，耐储存，通常需要烤制或炒制成熟后食用。

## 4.2.1　核桃（Walnut）

图 2.56　核桃

核桃（图 2.56）又名胡桃，为胡桃科落叶乔木的果实，原产于波斯，由汉代张骞出使西域时带回。现广泛产于温带，我国黄河以北地区产量居多。核桃果实呈圆形，果皮坚硬，为黄褐色，果仁像人脑，外包薄膜状种皮，种皮内的种仁为可食部位，颜色为黄白色，干燥饱满，含油质高，质酥味香，且营养丰富。多用于制作甜点，也可用于西餐冷、热菜菜肴的制作。

## 4.2.2　榛子（Hazelnut）

榛子又名榛栗，为桦木科榛属植物，分布于亚洲、欧洲以及北美洲等地。榛子形似板栗，外壳坚硬，果仁肥白而圆，有香气，含油脂量很大，有“坚果之王”的美称。在西餐中常用于甜点的制作。

### 4.2.3 杏仁（Almond）

杏仁（图 2.57）又名杏扁，为蔷薇科落叶乔木的种子，原产于我国北方，现在世界上已普遍栽培。杏仁呈扁形，个大，脆而香甜，油脂高。

杏仁由杏的果仁制成，按味感有甜杏仁和苦杏仁之分。在西餐中使用广泛，冷、热菜肴和甜食均可使用。

### 4.2.4 腰果（Cashew）

腰果（图 2.58）是腰果树的果实，原产于南美洲的巴西，20 世纪 30 年代引入我国栽种。腰果仁是剥去坚硬壳皮的仁肉，肾形，色泽似白玉，有较强的清香味（腰果仁必须在采收后立即摊晒，从干燥坚硬的腰果中剥取出来）。可生食，也可炒、炸，其香味胜过花生仁，可作为主料制成甜点，也可作为装饰材料使用。

图 2.57　杏仁

图 2.58　腰果

图 2.59　开心果

### 4.2.5 开心果（Pistachio）

开心果（图 2.59）又名阿月浑子、无名子、必思答，主要产于叙利亚、伊拉克、伊朗、南欧等地。开心果属漆树科，果实类似于银杏，但会从硬壳中间开裂。在西餐中主要用于制作配菜、甜点。

### 4.2.6 夏威夷果（Macadamia）

夏威夷果又名昆士兰栗、昆士兰果，原产于大洋洲。夏威夷果芳香味美，松脆可口。在西餐中常用于制作巧克力的馅心或裹料，也可以用于制作配菜。

### 4.2.7 花生（Peanut）

花生（图 2.60）又名落花生、长寿果，为豆科一年生草本植物，原产于巴西，现广泛产于温带地区。花生仁有长圆形、长卵形、短圆形等，其种皮呈淡红色或红色，富含蛋白质、脂肪等营养物质。可用于制作甜点、配菜等。

图 2.60　花生

### 4.2.8 松子（Pine nut）

松子（图 2.61）是松科植物白皮松、红松、华山松等松果的种子，其品质以红松子为佳。松子的脂肪含量较高，可达 63%，具有松脂特有的香味，风味独特，其蛋白质及铁的含量也较高。松子可用于制作甜点、配菜等。

图 2.61 松子

## 【练习与思考】

一、选择题

1. 核桃在西餐中可用作多种菜点的（　　）。

A. 装饰　　B. 配料　　C. 主料　　D. 调味

2. 杏仁为蔷薇科落叶乔木的种子，原产于我国（　　）。

A. 北方　　B. 南方　　C. 东方　　D. 西方

3. 花生为（　　）一年生草本植物。

A. 蔷薇科　　B. 豆科　　C. 胡桃科　　D. 山毛科

二、判断题

1. 核桃广泛产于温带，我国黄河以北地区产量居多。（　　）

2. 杏仁原产于我国北方，现在世界上已普遍栽种。（　　）

3. 花生为豆科一年生草本植物，产于温带地区。（　　）

三、实践活动——寻找美食

寻找、品尝一道用果品类制作的菜点，完成下表。

| 菜点名称 | |
|---|---|
| 主要烹调方法 | |
| 使用果品名称 | |
| 口　味 | |
| 色　泽 | |
| 形　态 | |
| 售　价 | |

# 模块3

# 动物性原料

# 项目1

# 家畜类原料

## 【项目导学】

家畜类原料主要包括牛肉、猪肉和羊肉。家畜肉类中嫩肉主要来自牲畜活动最少的部位，而老肉则来自经常活动的部位，因此，在选用家畜类原料时要根据原料特性等因素合理运用。

## 【教学目标】

### [知识教学目标]

①了解各类家畜原料的特点；
②掌握各类家畜原料的质地、性能、用途；
③熟悉家畜原料的分类、品名、上市季节。

### [能力培养目标]

①能够正确选用各类家畜原料；
②能够合理使用家畜各食用部位。

### [职业情感目标]

①正确认识烹饪原料质量与使用中的成本控制；
②激发学习兴趣，引起学习动机，明确学习目的，进入学习情境。

# 任务1　牛

### [ 案例导入 ]

牛肉即成年牛肉，主要是选用年龄在一年以上的成熟牛，是西餐中使用较多的一种肉类烹饪原料，具有特殊的风味和结实的组织。新鲜牛肉呈鲜艳的深红色，带有乳白色的脂肪。做不同的菜肴需要用到不同的部位（图 3.1），并且不同部位的烹调要用适当的加工方法来完成，所以对于牛的品种与牛肉的品质也有一定的要求。

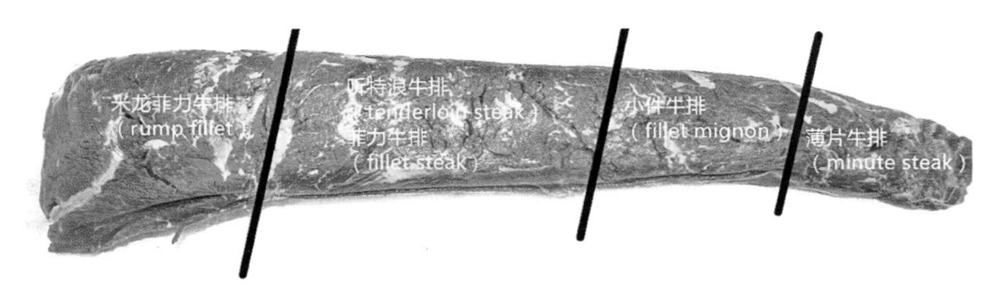


图 3.1　牛里脊的切割图

### [ 任务布置 ]

牛有哪些品种？牛肉的品质是如何鉴别的？

### [ 任务实施 ]

## 1.1.1　牛的品种

牛的品种有很多，也有不同的分类，按种类可分为黄牛、水牛、牦牛和奶牛等，我国饲养数量最多、分布最广的是黄牛。就牛的用途而言，可分为乳用、肉用、役用以及兼用等，在西餐主要使用肉用牛（表 3.1），我国还会使用部分黄牛。

表 3.1　西餐肉用牛的品种

| 名　称 | 简　介 |
| --- | --- |
| 安格斯牛 | 原产于英国，无角，肌肉有大理石纹样，胴体品质高，出肉多 |
| 西门塔尔牛 | 原产于瑞士，为大型乳、肉、役及兼用的品种。西门塔尔牛可繁育出实用且温顺的后代，并且拥有极佳的肉质感、肌肉度和屠体特征 |
| 海福特牛 | 原产于英国英格南的海福特县，是世界上最古老的早熟中小型肉牛品种，现在被多个国家引进；具有强健的体质、耐粗饲料、耐寒、肉质佳、适应性强等优点 |
| 夏洛莱牛 | 原产于法国中西部到东南部的夏洛莱省和涅夫勒地区，是举世闻名的大型肉牛品种。其生长快、肉量多、体型大、耐粗放的优点较受国际市场的欢迎 |

续表

| 名　称 | 简　介 |
| --- | --- |
| 神户牛 | 日本黑色但马牛的一种，因主要产自兵库县神户市而得名。神户牛因其神秘的饲养方法，肉质肥瘦均匀，红色的精肉与白色的脂肪比例匀称，香嫩爽口，被称为“牛中之王”，是昂贵牛肉的代名词 |

## 1.1.2　牛的肉质特点

在欧美部分国家将牛肉的等级分为最优、上等及良好三等（图 3.2），其中最优（Prime）者是指含有最多的大理石花纹，被认为是“美食家”的肉类，通常卖给餐馆；上等（Choice）牛肉有足够的大理石花纹，但不及最优等肉多，一般是超级市场中最常见的等级；良好（Good）的牛肉，其脂肪和风味次于以上两个等级，但仍然富有营养，且价格较低。每个国家对牛肉品质都有自己的分类，如我们常见的 M1—M9，就是大洋洲牛肉的分类标识，日本和牛的分类是 A、B、C 三类，每类中再分 1—5 个级别，无论如何分类，其依据是相同的，考量的是牛肉的肌肉度、脂肪度、肉质感等指标。而我国目前没有对牛肉品质有较明确的分类。

最优

上等

良好

图 3.2　牛肉品质比较

牛肉在西餐中运用相当广泛，是西餐中常见的菜肴原料，通常根据牛肉不同部位的肉质特点用不同烹饪手法进行烹制（表 3.2）。无论是牛、羊还是猪，其靠近脊柱的脊肉，是畜类最嫩的肉，牛的脊肉称为菲力，常用来煎制。

**表 3.2　不同部位牛肉的特点及运用**

| 序　号 | 名　称 | 肉质特点 | 适宜烹调方法 |
| --- | --- | --- | --- |
| 1 | 肩胛肉 | 精肉较多 | 烧烤、炒、烩、制汤等 |
| 2 | 前胸肉 | 肉质肥瘦相间 | 烧烤、炒、烩等 |
| 3 | 腿肉 | 肉质较老 | 焖、烩、制汤等 |
| 4 | 肋脊肉 | 肉质鲜嫩 | 烧烤、蒸、煎、炒、制汤等 |
| 5 | 胸腹肉 | 肥瘦相间，筋较少 | 烧烤、炒、烩等 |
| 6 | 腰脊肉 | 肉质鲜嫩，其中里脊是牛肉中最鲜嫩的部位 | 烧烤、炒、蒸等 |
| 7 | 胁腹肉 | 肉质较嫩 | 烧烤、炒、蒸等 |
| 8 | 臀部肉 | 肉质较嫩 | 烧烤、煎、炒、烩等 |

## 【练习与思考】

### 一、选择题

1.（　　）是在我国饲养数量最多、分布最广的牛种。

A. 牦牛　　B. 水牛　　C. 海福特牛　　D. 黄牛

2.（　　）是世界上最古老的早熟中小型肉牛品种，现在被多个国家引进。

A. 安格斯牛　　B. 西门塔尔牛　　C. 神户牛　　D. 海福特牛

3.（　　）是牛肉中最鲜嫩的部位。

A. 臀部肉　　B. 里脊肉　　C. 肋脊肉　　D. 肩胛肉

4.（　　）适合于烧烤、炒、烩等烹调手法。

A. 臀部肉　　B. 里脊肉　　C. 肋脊肉　　D. 胸腹肉

### 二、判断题

1. 西门塔尔牛原产于英国，是典型的肉用牛。（　　）
2. 大理石花纹是鉴别牛肉品质的依据之一。（　　）
3. 夏洛莱牛是昂贵牛肉的代名词。（　　）

### 三、实践活动——肉质小实验

挑选市场普通牛肉、雪花牛肉，分成薄片完成下列实验。

| 牛　肉 | 外　形 | 煎制后的口感 | 煎制时的出油量 |
| --- | --- | --- | --- |
| 普通牛肉 | | | |
| 雪花牛肉 | | | |

# 任务2 羊

**[案例导入]**

羊肉是西餐中常用的原料之一，图3.3的煎羊排迷迭香沙司是西餐中常见菜肴。

图3.3 煎羊排迷迭香沙司

**[任务布置]**

羊排是羊的什么部位？如何鉴别羊肉的品质？

**[任务实施]**

## 1.2.1 羊的品种

### 1）肉用羊

图3.4 羊

肉用羊（图3.4）多用绵羊培育而成，主要产地在澳大利亚和新西兰。蒙古肥尾羊是我国绵羊中体型最大、数量最多的一种。肉用羊较绵羊个体大，肉质细嫩，肌肉中脂肪含量高，切面呈大理石花纹，肉用价值高于其他品种。

### 2）小羊肉

小羊肉是出生后不足1年羊的肉，颜色较成年羊肉浅，肉质更嫩。相对而言，乳羊肉肉质更佳。还有一种就是生长在海滨的咸草羊，此羊因食用的是含有盐分的草，故肉质也很好，且没有膻味。

## 1.2.2 羊肉的肉质特点

羊肉比牛肉的肌肉组织更细嫩、柔软，但肌肉中肌红素更多、味道更重，其带有的独特气味会随着羊龄的增加而增加。食用牧草的羊，特别是吃紫花、苜蓿和丁香的羊，身上的粪臭素会更多。但如果小羊在屠宰前一个月吃的是谷物饲料，这种味道就会小很多。在美国，

羊肉销售的年龄从 1 ~ 12 个月、质量从 9 ~ 45 千克都有，名称也各异，包括较幼龄的“奶羊”和“温室羊”，以及“春羊”和“复活节羊”等。而新西兰绵羊食用的是牧草，由于是在 4 个月大时被屠宰，因此比大部分美国羊更稚龄且肉质气味温和。在法国，较老的小羊肉（Mutton）和较幼小的母羊肉（Brebis），在屠宰后进行熟成处理一周以上，才会产生一种非常丰富的味道。

羊在西餐制作中常被使用的部位主要有羊排和羊腿，羊排位于脊椎处，肉质相对较嫩，可用于煎、烤，羊腿肉质偏老，常用烤、烩、焖等烹饪方法。由于羊肉本身的膻味较浓，因此在西餐制作时常用迷迭香等香辛料降低其膻味。

## 【练习与思考】

### 一、选择题

1.（　　）是我国绵羊中体型最大、数量最多的一种。

A. 蒙古肥尾羊　　B. 大尾寒羊　　C. 中国美利奴羊　　D. 新疆细毛羊

2. 进口肉用羊，主要来自（　　）和新西兰。

A. 巴西　　B. 南非　　C. 埃及　　D. 澳大利亚

### 二、判断题

1. 在西餐中一般用山羊作为肉用羊。（　　）

2. 小羊肉是出生 1 年后羊的肉，颜色较成年羊肉更浅，肉质更嫩。（　　）

3. 在西餐中制作羊肉类菜肴常用迷迭香等香辛料降低其膻味。（　　）

### 三、实践活动——原料小知识

如何鉴别真假羊肉

| 鉴别要点 | 真羊肉 |
| --- | --- |
| 色　泽 | 羊肉的颜色是鲜红色，比牛肉略浅；猪肉呈粉红色；鸭肉则是暗红色。羊肉的脂肪部分应该是洁白细腻的 |
| 纹　理 | 羊肉的纹路较细，呈条纹状排列分布；猪肉纹路较粗，排列分布也不规则，呈网状结构；鸭肉纹理很细且不清晰。鸭肉肉质较为细嫩；羊肉则相对粗糙 |
| 脂肪分布 | 羊肉区别于其他肉类的一大特征就是瘦肉中混杂脂肪，细看丝丝分明；猪肉、鸭肉则没有。大部分假羊肉通过把猪肉鸭肉切碎再压紧切片，同样会有花纹，但纤维混乱，分块很容易辨识 |
| 品尝、闻 | 假的羊肉卷煮熟后基本没有膻味，吃到嘴里发硬，口感不好；真羊肉卷虽然有膻味但嚼起来却很香 |

# 任务3　猪

**[ 案例导入 ]**

图 3.5 的炸猪排番茄沙司是一道西餐热菜，其香脆的口感受到人们的欢迎。

图 3.5　炸猪排番茄沙司

**[ 任务布置 ]**

制作炸猪排时选用的是哪个部位的猪肉？

**[ 任务实施 ]**

猪为哺乳动物，在我国猪的驯养已有 7 000 多年的历史。我国是世界上最大的生猪生产国，也是最大的猪肉消费国。

## 1.3.1　猪的品种

猪的品种很多，全世界约有 300 个品种，其中约有 1/3 品种出自我国。我国是世界上猪种资料源较丰富的国家。一般根据猪的身体形态可分华北型猪、华南型猪以及引进的良种猪（表 3.3）。

表 3.3　猪的品种

| 品　种 | 特　点 |
|---|---|
| 华北型猪 | 主要分布在淮河、秦岭以北的广大地区，其特点是体躯长而粗，耳大、嘴长、背平直、四肢较高，体表毛比较多，且毛色纯黑，皮厚，水分较少，脂肪硬，肉味浓 |
| 华南型猪 | 主要分布在长江流域、西南和华南地区，其特点是体躯短阔丰满、皮薄、嘴短、额凹、耳小、四肢短小、腹大下垂、臀高 |
| 引进的良种猪 | 近几十年来一些饲养业发达的国家，在减少猪的脂肪、增加瘦肉、缩短育肥时间、降低饮料消耗等方面取得了不少进展，其代表品种有丹麦的兰德瑞斯、英国的约克夏等 |

## 1.3.2　猪的肉质特点

由于营养学的发展，人类对饮食有营养的需求，所以现代猪肉与100年前的已大不相同，现代猪肉来自较为年幼且脂肪较少的猪，一般都为瘦肉型猪肉，其结缔组织具有可溶性，肉质也更细嫩。现在欧美国家的猪肉脂肪含量仅有20世纪80年代时猪肉的1/5 ~ 1/2。

猪肉与牛肉、羊肉相比，肌肉纤维更细且柔软，因此肉质更加细嫩，肉色也较淡。猪肉本身的腥膻味更弱，在西餐中常使用煎、炸、烤等烹饪方法进行烹制，尤其是炸的方式十分常见。除中国外，食用猪肉较多的国家是德国。

## 1.3.3　猪肉的品质鉴别

猪肉的品质鉴别与牛肉、羊肉相似，都是以新鲜度来决定的。其肉质按照不同的新鲜度可分为新鲜肉、不新鲜肉以及腐败肉3类。对于厨师来说，判断猪肉的新鲜度主要从其外观、硬度、气味和脂肪等方面进行（表3.4）。

表3.4　猪肉的品质鉴别

| 肉质类别 | 外　观 | 硬　度 | 气　味 | 脂　肪 |
| --- | --- | --- | --- | --- |
| 新鲜肉 | 表面有一层微干的表皮，有光泽，肉的断面呈现淡红色，不黏，肉汁透明 | 刀断面肉质紧密，坚实有弹性，用手指按一下能立即复原 | 具有肉本身特有的气味，猪在宰杀后不久具有内脏气味，冷却后稍带腥味 | 脂肪分布均匀，保持原有的色泽 |
| 不新鲜肉 | 表面有一层风干的暗灰色表皮，肉断面潮湿，肉汁混浊，有黏液，肉色暗 | 弹性小，用手指按一下不能立即复原，肉质松软 | 具有酸气或霉臭气 | 脂肪呈灰色，无光泽，较黏，有轻微的酸败味 |
| 腐败肉 | 表面灰暗，带有绿色，很黏，有发霉的现象 | 无弹性，用手指按后不能复原，腐败严重时可用手指将肉戳破 | 具有较重的腐败臭气 | 脂肪呈淡绿色，质地软，有强烈的酸败味 |

## 【练习与思考】

### 一、选择题

1. 华南型猪主要分布在（　　）流域、西南和华南地区。

A. 珠江　　B. 长江　　C. 闽江　　D. 岷江

2. 华北型猪主要分布在（　　）、秦岭以北的广大地区。

A. 长江　　B. 黄河　　C. 淮河　　D. 海河

3. 新鲜肉的肉断面肉质紧密，坚实而（　　），用手指按后能立即复原。

A. 有韧性　　B. 有弹性　　C. 有黏性　　D. 有光泽

4. 猪在宰杀后不久具有（　　）气味，冷却后稍带腥味。

A. 饲料　　B. 粪便　　C. 内脏　　D. 血腥

5. 不新鲜肉的脂肪呈（　　），无光泽，较黏，有轻微的酸败味。

A. 淡绿色　　B. 灰色　　C. 白色　　D. 黄色

## 二、判断题

1. 我国引进的良种猪其代表品种有丹麦的约克夏、巴克夏等。（　　）

2. 在我国根据猪的身体形态可分为华北型猪、华南型猪以及引进的良种猪。（　　）

3. 我国是世界上最大的生猪生产国，也是最大的猪肉消费国。（　　）

4. 新鲜猪肉的表面有一层微干的表皮，有光泽，肉的断面呈淡红色，不黏，肉汁透明。（　　）

## 三、实践活动——操作小实验

将相同部位的猪肉用两种不同刀法成型比较区别。

| 刀工技法 | 区　别 |
| --- | --- |
| 顺　丝 | |
| 逆　丝 | |

# 任务 4　肉制品原料

**[ 案例导入 ]**

德国的食品最有名的是香肠及火腿，原肠类包括耐储腊肠和调味浓厚的瘦肉香肠。在香肠中最有名的是法兰克福肠，其口感独特，驰名世界。此外，水煮肠中还包括 60 种不同的风味特色肠，如著名的普法尔茨灌肠。

——摘自《世界美食地图》

**[ 任务布置 ]**

西餐中肉制品有哪些品种？

**[ 任务实施 ]**

## 1.4.1　肉制品原料的特点

肉制品是指将家畜（也会少量使用家禽）的肉和调辅料用一定工艺加工而成的产品。在西餐中常用的肉制品多以猪肉为原料，也会使用牛肉、羊肉，甚至鸡肉等。

西方国家的食品工业比较发达，畜肉制品的种类也很多，如火腿、香肠、意大利熏肠、肉卷、肉酱制品等，其中德国和意大利的肉制品比较著名，通常具有以下特点。

### 1）肉制品都耐储存

肉制品的生产原本就需要延长保存期，所以通常是高盐的。肉制品在加工过程中加入高浓度盐、大量的香草香料或亚硝酸盐，并通过腌制、烟熏及风干等方法进行加工，这些方法可以阻碍微生物的腐败，使肉制品更加容易储存。

### 2）肉制品食用方便

一部分肉制品可以直接食用，不可直接食用的肉制品可以采用简单的煎、烤等烹调方法后食用，由于肉制品都经过腌制，在烹调时通常不需要调味。肉制品在西餐中常用来制作开胃菜和冷菜，也是自助餐中常出现的菜肴品种之一。

### 3）肉制品风味独特

一般肉制品在制作过程中会根据需要加入大量的香料，如胡椒、豆蔻、茴香等，所以具有独特的风味。在西餐中常用肉制品配合其他肉类烹调，以提升肉类的风味。

## 1.4.2　肉制品原料的分类

西餐常用的肉制品品种繁多，通常可将其分为腌肉制品和香肠制品两大类（图 3.6），两者的区别在于香肠必须有肠衣的包裹。

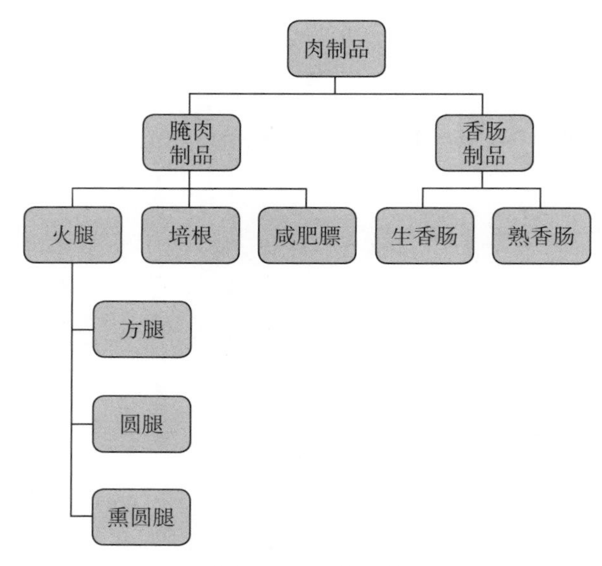

图 3.6　肉制品分类

## 1.4.3　西餐中常用肉制品原料

### 1）腌肉制品

腌肉制品是在肉类中加入食盐、亚硝酸盐、糖、香辛料后进行加工处理得到的产品。加入硝酸盐和亚硝酸盐的目的是形成和固定腌肉的颜色及防腐；盐和糖则有助于稳定色泽并增添风味，也可防腐；香辛料主要是去腥增香，使之具有独特的风味。总之，肉类在腌制后其耐储藏性、风味、色泽和嫩度都会发生变化。

**（1）火腿（Ham）**

火腿是一种在世界范围内流行很广的肉制品，目前除少数信仰伊斯兰教的国家外，几乎各国都有生产和销售。世界著名的火腿有法国烟熏火腿、苏格兰整只火腿、德国陈制火腿、意大利火腿、苹果火腿等。火腿的品种很多（表 3.5），口味区别也很大。火腿在烹调中既可作为主料又可作为辅料，还可以用于制作冷盘。

**表 3.5　火腿的品种及特点**

| 品　种 | 特　点 |
|---|---|
| 方火腿 | 又称三明治火腿，是将猪后腿肉经过盐和香料的腌制、打碎，再加入其他辅料后热加工而成。使用较广泛，属经济型产品 |
| 烟熏整只火腿 | 一般是把整只猪后腿用盐干擦其表面，然后再把它淹浸在加有香料的盐卤中，根据不同的需求腌制数日，再经过风干、熏制而成。有带骨和不带骨，生、熟之分 |
| 风干火腿 | 将整只猪后腿淹浸在加有香料的盐卤中多日，再紧压，在一定的湿度要求下长期风干而制成。这种风干火腿颜色红润，口味独特 |

**（2）烟熏咸肉（Bacon）**

烟熏咸肉（图 3.7）又称培根，是烹调中使用广泛的肉制品，主要用于早餐及其他菜肴

的制作。烟熏咸肉的工序是将猪五花肉分割成块，用盐、多种香辛料以及少量亚硝酸盐腌制后，再经紧压、风干、熏制而成，常见的有五花咸肉和外脊咸肉两种，其中五花咸肉比较多，其脂肪含量比外脊咸肉更少。

图 3.7　培根

**（3）烟熏猪柳（Smoked Pork Loin）**

将猪外脊肉经过腌渍、风干、熏制而成，多为熟制品。可用于冷、热菜肴的制作，也可用于早餐。

### 2）香肠类（Sausage）制品

香肠的种类很多，品种达上百个（表 3.6）。主要分为早餐肠、烤肠、熏肠、冷切肠、色拉米肠等品种。其取料广泛，主要有猪肉、牛肉、羊肉、鸡肉和兔肉等。做法通常是把肉类原料打碎，加入各种不同的调味品，调味后灌入肠衣中，再经过腌制、烟熏或风干等工序制成，制品有生、熟之分。世界上比较著名的香肠品种有法兰克福肠、意大利肠、腊肠、维也纳牛肉香肠、色拉米香肠等。香肠类制品在西餐烹饪中既可用作冷头盘、沙拉、三明治、开胃小吃、煮制菜肴等，也可用作热菜的辅料。

**表 3.6　香肠的品种及特点**

| 品　种 | 图　片 | 特　点 |
|---|---|---|
| 冷切肠 |  | 有里昂冷切、鸡冷切、火腿冷切、摩泰摩拉等数十个品种，用途广泛，早餐和正餐中使用较多 |
| 色拉米肠 |  | 又称干肠，主要以猪肉、牛肉为原料，是在瘦肉馅中加入肥肉粒及香辛料，灌入肠衣中，经油脂浸泡，并在一定湿度的要求下风干而成。成品肉质坚硬，口味独特，色泽红白相间。以意大利、奥地利等国的质量为佳。色拉米肠味道浓郁，质地硬韧，风味独特，常用于冷菜制作，在披萨中也常见其身影 |
| 法兰克福肠 |  | 主要产于德国的法兰克福市，是用细腻的猪肉馅，加入各种香辛料，灌入用鸡肠制成的肠衣内制成，一般长 24 ~ 27 厘米，直径 2.5 ~ 3 厘米，是香肠中较长的一种。烹调时常用煎、煮、烩等方法制作菜肴 |
| 早餐肠 |  | 欧洲各国均有生产，以德式、法式、意式、英式等著称，有猪肉、鸡肉、牛肉、小牛肉等口味，我国将其称为小泥肠，长 12 ~ 13 厘米，直径 2 ~ 2.5 厘米，通常经煎制或烤制后就能食用 |

## 【练习与思考】

### 一、选择题

1. 火腿在烹调中既可作为主料又可作为辅料，还可以制作（　　）。

　A. 热菜　　B. 冷盘　　C. 沙拉　　D. 点心

2. 法兰克福肠是用细腻的猪肉馅，加入各种香辛料，灌入用（　　）制成的肠衣内制成。

　A. 羊肠　　B. 猪肠　　C. 鸡肠　　D. 鸭肠

3. 色拉米肠味道浓郁，质地硬韧，风味独特，常用于（　　）制作。

　A. 热菜　　B. 冷菜　　C. 汤菜　　D. 烩菜

4. 意大利肠是香肠中最大的一种，一般长（　　）厘米。

　A. 30　　B. 40　　C. 50　　D. 60

5. 法兰克福肠主要产于（　　）的法兰克福市。

　A. 法国　　B. 德国　　C. 英国　　D. 新西兰

6. 烟熏咸肉在烹调中常用于（　　）和多种菜肴的配菜制作。

　A. 早餐　　B. 午餐　　C. 晚餐　　D. 夜宵

7. 培根为（　　）的英文译音。

　A. 烟熏咸肉　　B. 腌渍咸肉　　C. 带皮咸肉　　D. 去皮咸肉

### 二、判断题

1. 西式火腿可分为无骨火腿和带骨火腿两种类型。（　　）
2. 色拉米肠以法国产的为最佳。（　　）
3. 咸肉分有五花咸肉和里脊咸肉两种。（　　）
4. 法兰克福香肠是香肠中最小的一种。（　　）

### 三、实践活动——市场调查

请对市场上所售的西式肉制品进行调查。

| 肉制品名称 | 品　牌 | 规　格 | 价　格 |
|---|---|---|---|
| 培根 | | | |
| | | | |
| | | | |
| 香肠 | | | |
| | | | |
| | | | |
| | | | |

# 任务 5　乳制品原料

**[ 案例导入 ]**

图 3.8 中所见的原料都是由乳品制成，其中有牛奶、奶酪、酸奶。

图 3.8　乳制品原料

**[ 任务布置 ]**

你能分辨出图 3.8 中的乳制品，并且说出它们分别有哪些特点吗？

**[ 任务实施 ]**

乳是哺乳动物从乳腺分泌的一种白色或微黄色的不透明液体，有特定的乳香味。乳制品除乳以外还包括用乳做成的各类衍生产品，如各种奶粉、炼乳、黄油、鲜奶油、奶酪以及酸奶等。

## 1.5.1　乳制品原料的特点

乳制品在人类的饮食中占有重要的地位，也是西餐中不可缺少的食品原料，既可直接食用，也可作为制作菜肴的原料。一般乳制品主要来源于牛奶，也有一些地区使用羊奶或马奶等。

### 1）乳制品的营养丰富

乳制品中所含的蛋白质主要有酪蛋白、乳清蛋白、乳球蛋白，是完全蛋白质，能满足人体对必需氨基酸的需要。除蛋白质外，乳制品中还含有丰富的维生素及磷、钙、镁等矿物质。

### 2）乳制品易发生变质

从健康乳牛中挤出的牛奶称为生奶，生奶中含结核杆菌等致病菌和一些会导致牛奶腐败的微生物，不适宜直接食用，所以市场上不会销售生奶。一般生奶会经过巴氏消毒等方法进行消毒或杀菌，尽管如此，由于营养丰富，牛奶还是容易产生变质现象。另外，乳制品中的脂肪等营养物质也较容易氧化变质，因此，乳制品在使用时必须注意其保存期和储藏温度等。

3）乳制品应用广泛

在西方的饮食习惯中乳制品是不可缺少的，因此诞生了品种丰富的乳制品，如奶油、奶酪等，可直接食用。在西餐的菜点中也常常能寻觅到乳制品的身影。

## 1.5.2　西餐中常用乳制品原料

### 1）牛奶（Milk）

牛奶又称牛乳，是一种白色或稍有黄色的不透明液体，具有特殊的奶香味。

**（1）牛奶的分类**

牛奶可以根据生乳的产出时间分为初乳、常乳和末乳（图 3.9），也可以根据牛奶生产工艺分为全脂、低脂、脱脂等（表 3.7）。

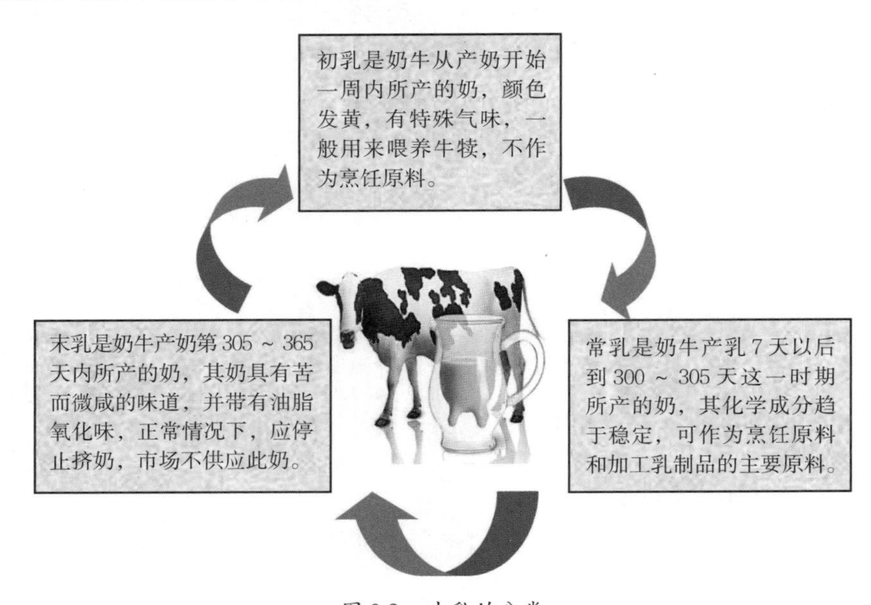


图 3.9　生乳的分类

**表 3.7　成品牛奶的类别**

| 全脂牛奶 | 未经撇取乳酯的牛奶，含乳脂 3.25% |
|---|---|
| 低脂牛奶 | 提取部分乳酯后的牛奶，含乳脂 0.5% ~ 2% |
| 脱脂牛奶 | 提取全部乳脂后的牛奶，几乎不含乳脂 |
| 冷冻牛奶 | 由带有糖和调味品的牛奶冷冻制成，含 2% 的乳脂 |
| 冷冻果汁牛奶 | 由牛奶和果汁混合而成，含 1% ~ 2% 的乳脂 |

**（2）牛奶的储藏**

牛奶主要采用冷藏法储藏，一般短期储藏是将牛奶放在 0 ℃的冰箱中，但如果是长期储

藏，则必须放在 -18 ～ -10 ℃的冷库中，但需注意用此温度储藏时，牛奶会因结冰而体积膨胀，因此不宜装得太满，以免牛奶体积膨胀胀开桶盖，造成奶质污染。

### 2）奶油（Cream）

奶油（图 3.10）是牛奶的特殊产品，主要是从牛奶中分离出的脂肪和其他成分的混合物，制作奶油常用的方法有静置法、离心法。

图 3.10　奶油

**（1）奶油的形态**

奶油呈乳白色，略带浅黄色，呈半流质状态，在低温下较稠，经加热可熔化为流动的液体。奶油经乳酸菌发酵后可产生酸奶油，这也是西餐不可缺少的原料。

**（2）奶油的质量鉴别**

优质的奶油气味芳香纯正，口味稍甜，组织细腻，无杂物，无结块；劣质的奶油有类似饲料或金属的异味，并有奶团等杂质。

**（3）奶油的储藏**

奶油一般采用冷藏法储藏，温度在 4 ～ 6 ℃，储藏时应放置在干净的容器内并加盖，防止污染。用奶油制得的产品在常温下超过 24 小时就不应再食用，因为此时的奶油内细菌等微生物指标可能超标，容易引起食物中毒。

**（4）常用奶油品种**

常用的奶油品种如表 3.8 所示。

**表 3.8　常见奶油品种**

| | |
|---|---|
| 普通奶油 | 又称咖啡奶油或清淡奶油，含 18% 乳脂，主要用于制作汤、沙司和用作咖啡伴侣等，在西餐制作中奶油会增加菜品的香浓口感 |
| 配制奶油 | 含有 10% ～ 12% 的乳脂，由全脂牛奶与普通奶油配制而成，一般用作咖啡伴侣 |
| 浓奶油 | 是经搅拌的奶油，含有 30% ～ 40% 的乳脂，可打成泡沫状，用于制作点心和菜肴 |
| 酸奶油 | 是经乳酶发酵的普通奶油，带有酸味，用于制作沙司、汤和点心 |

### 3）黄油（Butter）

黄油又称白脱，是从奶油中进一步分离出来的脂肪。与奶油相比，黄油脂肪含量更高，还含有较多蛋白质、维生素等成分。

**（1）黄油的形态**

黄油在常温下为浅黄色固体，加热熔化后有明显的乳香味。

**（2）黄油的质量鉴别**

优质的黄油应具有浓郁的乳香味，组织紧密、均匀，切面无水分渗出；而劣质的黄油气味不香或有异味，质软或松脆，切面有水珠。

**（3）黄油的储藏**

黄油因含脂率高，比奶油更容易保存，但易氧化，所以存放时应避免阳光直射，且应该密封保存。短期存放时应置于 5 ℃的冰箱中，若长期存放，适宜保存于 -10 ℃的冰箱中。

图 3.11　奶酪

#### 4）奶酪（Cheese）

奶酪（图 3.11）常称为计司、吉士、芝士、起士等。目前世界上的奶酪有几千种，法国、瑞士、意大利、荷兰等国的奶酪较有名，其中法国生产的品种最多。制作奶酪常用牛奶、绵羊奶、山羊奶以及混合奶，一般是将鲜乳经杀菌后在凝乳酶的作用下使奶中的酪蛋白凝固成团，再将凝团压成一定的形状，在微生物与酶的作用下经较长时间的生化过程而制成。

**（1）种类**

奶酪有许多种类，分类方法也很多。其中最简单的分类是分为两类：一是天然奶酪，它是经过成型、压制和一定时间的自然熟化而制成的奶酪，由于使用不同的发酵微生物和熟化方法，因此奶酪有不同的风味和特色，如瑞士奶酪（Swiss）、奇德奶酪（Chedder）、荷兰歌德奶酪（Gouds）、伊顿奶酪（Edam），都需经数月的熟化才能制成；二是合成奶酪，由新鲜奶酪和熟化天然奶酪混合，经巴氏灭菌而制成，其气味芳香、味道柔和、质地松软、表面光滑，价格比天然奶酪便宜，有片装和块装两种。

另外，还可按其加工制作方法的不同进行分类，如硬奶酪、软奶酪、半软奶酪、多孔奶酪、大孔奶酪等。

**（2）质量鉴别**

优质的奶酪表皮均匀，呈白色或淡黄色，细腻无损伤，切面质地均匀紧密，无裂缝和脆硬现象，切片整齐不碎，具有醇香味。

**（3）奶酪的储藏**

奶酪应存放在 5 ℃左右、相对湿度较高的冰箱中，存放时要用保鲜膜包好。

**（4）在西餐中的使用**

奶酪在西餐中的使用广泛，通常是沙拉、三明治和汉堡包的原料，同时，也常用于焗类菜肴、意大利面条、烩饭的制作，具有增稠的作用，烹调时温度一般为 60 ℃。

#### 5）酸奶（Buttermilk 或 Sour Milk）

酸奶（图 3.12）是将乳酸菌放入低脂牛奶中经过发酵制成的带有酸味的液体牛奶，通常用于制作甜品，也可在做浇汁或沙司时用于代替含脂肪较多的酸奶油。

图 3.12　酸奶

图 3.13　炼乳

### 6）炼乳（Condensed Milk 或 Evaporated Milk）

炼乳（图 3.13）有甜炼乳和淡炼乳之分。甜炼乳是在牛乳中加入 15% ~ 16% 的蔗糖，然后将牛乳加热使水分蒸发，浓缩至原体积的 40% 左右。淡炼乳是直接加热蒸发水分，浓缩到原体积的 50% 左右。在饭店中甜炼乳使用较多，常用于制作布丁等甜食。

### 7）奶粉（Dry Milk）

奶粉是鲜乳经浓缩脱水处理后制成的粉末状制品。奶粉呈淡黄色，含有少量的水分，可分为全脂、半脂和脱脂 3 类，通常用于制作甜点。

## 【练习与思考】

### 一、选择题

1. 牛奶长期保存应放在（　　）的冷库中。

A. −5 ~ 0 ℃　　B. 1 ~ 5 ℃
C. −18 ~ −10 ℃　　D. −10 ~ −5 ℃

2. 优质的奶酪呈（　　）或淡黄色。

A. 黄色　　B. 乳黄色　　C. 白色　　D. 乳灰色

3. 优质黄油气味芳香，组织紧密均匀，切面（　　）。

A. 质软　　B. 松脆　　C. 有水珠渗出　　D. 无水分渗出

4. 奶酪是鲜乳经杀菌后在（　　）的作用下使奶中的酪蛋白凝固成团，再将凝块压成一定形状，在微生物和酶的作用下经较长时间的生化过程而制成。

A. 蛋白酶　　B. 凝乳酶　　C. 生物酶　　D. 乳糖酶

5. 奶油采用冷藏法储存，温度为（　　）。

A. 4 ~ 6 ℃　　B. 0 ℃　　C. −6 ~ −4 ℃　　D. 8 ~ 10 ℃

6. 奶油容易变质，其制品在常温下超过（　　）小时就不能再食用。

A. 12　　B. 18　　C. 24　　D. 36

7. 黄油含脂率高，除了要低温、避光，还应该用（　　）方法保存。

A. 干燥　　B. 密封　　C. 杀菌　　D. 高压

### 二、判断题

1. 牛奶按组成变化可分为初乳、常乳和末乳。（　　）
2. 奶油是从牛奶中分离出的酪蛋白和其他成分的混合物。（　　）
3. 黄油是从奶油中进一步分离出来的脂肪，又叫白脱。（　　）
4. 法国生产的奶酪的品种最多。（　　）

### 三、实践活动——趣味小知识

**如何避免牛奶溢出锅外**

方法 1：把一大片锡箔纸揉成一团，然后展开，盖在锅上。锡箔纸上的棱角会刺破溢到锅口的泡泡，从而防止外溢。

方法 2：在煮牛奶前加入一小勺白糖，这样牛奶即使煮沸也不会溢出来。

方法 3：煮牛奶时，首先加热要快，使温度迅速上升，千万不要火未旺时就把奶锅放到火上。

方法 4：不要把牛奶煮沸，只要看到牛奶表面膨起很多泡沫，就及时远离火焰中心处，稍停片刻就可以了。

试验上述 4 种方法，你觉得哪种方法最实用?

# 项目 2

# 家禽类原料

## 【项目导学】

家禽类原料主要包括鸡、鸭、鹅等，是西方人较喜欢的食物原料，尤其是鸡和火鸡。禽肉富含高质量的蛋白质，且热量较低，特别是去皮后，其脂肪和胆固醇的含量更低，是很好的蛋白质来源。西餐常用的禽类原料有鸡、火鸡、珍珠鸡、鸭、鹅、鸽等。

## 【教学目标】

### [知识教学目标]

①了解各类家禽原料的特点；
②掌握各类家禽原料的质地、性能、用途；
③熟悉家禽原料的分类、品名、上市季节。

### [能力培养目标]

①能够正确选用各类家禽原料；
②能够合理使用家禽各食用部位。

### [职业情感目标]

①正确认识烹饪原料质量与使用中的成本控制；
②激发学习兴趣，引起学习动机，明确学习目的，进入学习情境。

# 任务1　鸡

**[ 案例导入 ]**

图 3.14 的烤雏鸡波特酒沙司是一道以鸡为主料的西餐热菜菜肴。鸡肉在西餐烹饪中有举足轻重的地位，开胃菜、热菜、汤菜都可以用到它。

图 3.14　烤雏鸡波特酒沙司

**[ 任务布置 ]**

鸡有哪些品种?

**[ 任务实施 ]**

## 2.1.1　鸡的品种

现在的家鸡是由野生原鸡长期饲养驯化而来，是烹饪的重要原料，各国饲养的鸡，品种繁多，也出现了不少优良品种。在西餐菜肴中多采用肉鸡或子鸡，较著名饲养鸡品种有“科尼什”和“白洛克”等（表 3.9）。

表 3.9　鸡的品种及特点

| 名　称 | 特　点 |
|---|---|
| 科尼什 | 原产于英国的康瓦耳，是著名的肉用鸡。其腿短，鹰嘴，颈粗，翅小，体形大，喙、胫、皮肤为黄色，羽毛紧密，体质坚实，肩、胸很宽，胸、腿肌肉发达，胫粗壮 |
| 白洛克 | 原产于美国，也是著名的肉用鸡。其体形大，毛色纯白，生长快，易育肥；冠、肉垂与耳叶均为红色，喙、胫和皮肤均为黄色 |
| 珍珠鸡 | 原产于非洲西部，因羽间密缀浅色圆点，状似珍珠而得名。珍珠鸡按羽色又可分为赤色白胸、奶油色和灰色花斑 3 种。成年的珍珠鸡肉色深红，脂肪含量低，肉质与山鸡肉相似，极为鲜嫩 |
| 火鸡 | 又名吐绶鸡，最初为墨西哥的印第安人所驯养，后逐渐在美洲各地普及，15 世纪末传入欧洲，至今世界大部分国家都有饲养。火鸡是一种高蛋白、低脂肪、低胆固醇的肉食佳品，是当今世界上主要的肉食品种之一，更是西方国家感恩节和圣诞节大餐中必不可少的佳肴原料 |

## 2.1.2 鸡的肉质特点

不同生长期的鸡，其肉质具有不同的特点，适用不同的烹调方式。

### 1）鸡的肉质特点

鸡的肉质特点如表 3.10 所示。

表 3.10 鸡的肉质特点

| 种 类 | 特 点 |
| --- | --- |
| 童子鸡 | 小公鸡或小母鸡，皮肤光滑，肉质鲜嫩，骨头柔软。饲养时间为 9 ~ 12 周，质量为 0.7 ~ 1.6 千克 |
| 小鸡 | 小公鸡，皮肤光滑，肉质鲜嫩，骨头柔软性差。饲养时间为 3 ~ 5 个月，质量为 1.6 ~ 2.3 千克 |
| 公鸡 | 成年公鸡，皮肤粗糙，肉质较老，肉呈深色。饲养时间为 10 个月以上，质量为 1.8 ~ 2.7 千克 |
| 阉鸡 | 阉过的公鸡，肉质嫩、味浓，鸡胸部肉丰富，价格高。饲养时间为 8 个月，质量为 2.3 ~ 3.6 千克 |
| 母鸡 | 成年母鸡，肉质老，皮肤粗糙，胸骨较硬。饲养时间为 10 个月以上，质量为 1.6 ~ 2.7 千克 |

### 2）火鸡的肉质特点

火鸡的肉质特点如表 3.11 所示。

表 3.11 火鸡的肉质特点

| 种 类 | 特 点 |
| --- | --- |
| 雏火鸡 | 年龄最小的公火鸡或母火鸡，肉质细嫩，皮肤光滑，骨软。饲养时间仅 16 周，质量常在 1.8 ~ 4 千克 |
| 小火鸡 | 即童子鸡，饲养时间较短的小母火鸡或小公火鸡，通常为 5 ~ 7 个月。肉质嫩，骨头略硬，质量为 3.6 ~ 10 千克 |
| 嫩火鸡 | 饲养时间在 15 个月内，肉质相当嫩。质量为 4.5 ~ 14 千克 |
| 成年火鸡 | 肉质老，皮肤粗糙。饲养时间为 15 个月以上，质量为 4.5 ~ 14 千克 |

### 3）珍珠鸡的肉质特点

珍珠鸡的肉质特点如表 3.12 所示。

表 3.12 珍珠鸡的肉质特点

| 种 类 | 特 点 |
| --- | --- |
| 幼鸡 | 肉质嫩，饲养时间约为 6 个月，质量为 0.34 ~ 0.7 千克 |
| 成年鸡 | 肉质老，饲养时间约为 1 年，质量为 0.45 ~ 0.9 千克 |

## 【练习与思考】

### 一、选择题

1. 在西餐菜肴中多采用（　　）或子鸡，较著名的品种有“科尼什”和“白洛克”等。
   A. 母鸡　　B. 肉鸡　　C. 公鸡　　D. 乌鸡
2. （　　）是西方国家感恩节和圣诞节大餐中必不可少的佳肴原料。
   A. 火鸡　　B. 公鸡　　C. 母鸡　　D. 童子鸡
3. 成年的珍珠鸡肉色（　　），脂肪含量低，肉质与山鸡肉相似，极为鲜嫩。
   A. 深红　　B. 黑色　　C. 古铜色　　D. 白色
4. （　　）肉质嫩、味浓，鸡胸部肉丰富。
   A. 母鸡　　B. 公鸡　　C. 童子鸡　　D. 阉鸡

### 二、判断题

1. 小火鸡是年龄最小的公火鸡或母火鸡，肉质细嫩，皮肤光滑，骨软。（　　）
2. 白洛克鸡原产于美国，是著名的肉用鸡。（　　）
3. 成年火鸡饲养时间一般为 15 个月以上。（　　）

### 三、实践活动——课外小知识

分别取鸡胸肉、鸡腿肉切成 1 厘米见方的块，水开后分别煮 3 分钟、5 分钟、8 分钟，其口感上有何变化？

| 鸡肉类型 | 3 分钟 | 5 分钟 | 8 分钟 |
| --- | --- | --- | --- |
| 鸡胸肉 | | | |
| 鸡腿肉 | | | |

# 任务 2 鸭

**[ 案例导入 ]**

图 3.15 是一道以鸭胸肉为主料制作的西餐热菜菜肴，在西餐中也可以看到其他的鸭类菜肴。

图 3.15 煎烤鸭胸配橙汁沙司

**[ 任务布置 ]**

在西餐中通常会怎样使用鸭子？

**[ 任务实施 ]**

## 2.2.1 鸭的品种

鸭的消费量比鸡小，位居禽类消费量的第二位。家鸭的祖先是绿头鸭和斑嘴鸭，根据其用途不同可分为肉用、蛋用以及肉蛋兼用 3 种，其中肉用鸭是西餐制作中常用的原料，其品种也较多（表 3.13）。

**表 3.13 鸭的品种及特点**

| 名 称 | 特 点 |
| --- | --- |
| 北京鸭 | 北京鸭是现代肉用鸭的主要品种，是当今世界上最著名的肉用鸭，其他肉用鸭无不含有其血统。北京鸭具有生长快、繁殖率高、适应性强和肉质好等优点，尤其适合加工成烤鸭 |
| 番鸭 | 原产于南美洲，广东饲养较多。其脸部、颈部羽毛较少，微露出红色粗糙的皮肤，全身羽毛多为白色或杂毛，有飞翔能力 |
| 樱桃谷鸭 | 由英国人根据北京鸭改良成的瘦肉型鸭，瘦肉率为 26% ~ 30%，皮脂率为 28%。樱桃谷鸭的羽毛洁白，肌肉发达，体形外貌酷似北京鸭 |

### 2.2.2 鸭的肉质特点

鸭肉的肉质鲜嫩，营养价值高，其脂肪熔点较低，人体容易消化，鸭肉中还含有较多的维生素 B 和维生素 E。与鸡肉相比，鸭肉蛋白质含量较少，脂肪含量较多，尤其鸭胸肉因肌纤维含较多的肌红素而呈深红色，味道鲜美。

鸭肉与鸡肉相比较，鸭肉颜色呈深红色，鸡肉颜色较淡，但它们的表皮都应呈淡黄色或淡白色，肉质具有弹性，脂肪应该呈白色或淡黄色，不黏，否则肉质就不新鲜。

在西餐中应用较多的主要是鸭胸肉，常用于制作各类菜肴，如香煎鸭胸、油浸鸭胸等，在传统的西餐中常用酸甜口味的水果进行搭配，以去除鸭肉的腥味和解腻。

## 【练习与思考】

一、选择题

1. 今天，世界上最著名的肉用鸭，无不含有（　　）的血统。

A. 绿嘴鸭　　B. 北京鸭　　C. 洋鸭　　D. 麻鸭

2. 按鸭的（　　）不同可分为肉用、蛋用以及肉蛋兼用 3 种。

A. 体形　　B. 体重　　C. 特点　　D. 用途

二、判断题

1. 家鸭的祖先是绿头鸭和斑嘴鸭，这两种鸭分布很广。（　　）

2. 鸭是烹饪的重要原料，鸭肉与鸡肉相比，蛋白质含量较多，脂肪含量较少。（　　）

3. 肉蛋兼用型鸭在烹调中使用较多。（　　）

三、实践活动——温度对肉蛋白质、肉色和质地的影响

| 肉品温度 | 熟　度 | 肉的品质 |
|---|---|---|
| 50 ℃ | 一分熟 | |
| 60 ℃ | 五分熟 | |
| 70 ℃ | 全熟 | |
| 80 ℃ | | |
| 90 ℃ | | |

# 任务3　鹅

**[ 案例导入 ]**

肥鹅肝是西餐中著名的原料，图 3.16 是普通鹅肝和肥鹅肝的对比。

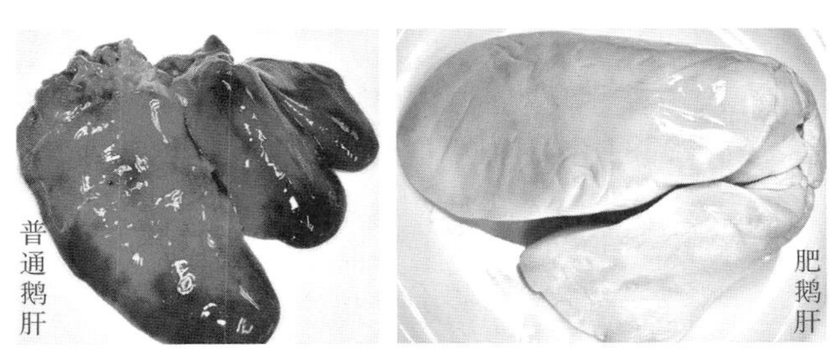


图 3.16　鹅肝对比图

**[ 任务布置 ]**

肥鹅肝与普通肝脏有什么区别？

**[ 任务实施 ]**

家鹅起源于雁，欧洲鹅的祖先是灰雁，而我国鹅的祖先是鹅雁。在世界范围内鹅的饲养较普遍。

## 2.3.1　鹅的肉质特点

鹅的肉质鲜美，但饲养时间较长，肉质会变老，所以一般肉用鹅大都饲养一年左右（图 3.17）。鹅肉一般适合使用烤、焖、烩等烹调方法。

图 3.17　鹅的肉质特点

## 2.3.2　鹅肝

在众多动物内脏中，特别值得一提的就是鹅肝，它是西餐菜肴中的极品。鹅肝、松露和鱼子酱是法式西餐中的三大著名原料。鹅肝的使用可以追溯到罗马时期甚至更久以前，深受当时人们的赞赏。

所谓鹅肝就是强行灌食鹅之后所取得的“肥肝”，通常产自经过专门饲养的鹅，鹅先放养 3 个月，然后喂食用玉米等制成的营养饲料，1 个月后鹅肝在鹅体内迅速长大到食用标准。由于营养长期过剩，原本小而精瘦的红色肝脏会长到正常尺寸的 10 倍大，含脂量高达 50% ~ 65%。一般普通的鹅肝只有 100 克，而肥鹅肝可重达 700 ~ 900 克，大的甚至达 1 000 克（图 3.16）。鹅肝的油脂以极其细小的微滴状态分散在肝细胞内，完美融合了光滑、丰润、美味等口感，创造出无与伦比的味道。

鹅肝含有高蛋白、高维生素，并含有较多的不饱和脂肪酸等营养物质，气味芬芳，质地软糯。优质鹅肝应呈乳白色或白色，其中筋呈淡粉红色，肉质紧密，细嫩光滑，手摸有黏稠感，手按之不能恢复原状。不够肥润的鹅肝通常富有弹性但触感紧实，而脂肪过多的鹅肝肉质松软且触感油腻。

在西餐中鹅肝一般使用烤、煎等制作方法，也可以制作成鹅肝酱等。在制作时通常需掌握其火候，不能用急火，以免鹅肝内油脂因受热流出而影响口感。由于鹅肝制成的菜肴口感肥润，因此通常会搭配一些酸甜味的原料或沙司。

## 【练习与思考】

### 一、选择题

1. 优质的肥鹅肝颜色呈（　　）。
   A. 乳白色　　B. 黄色　　C. 粉红色　　D. 棕色
2. 上等的鹅肝重达（　　）千克。
   A. 0.5 ~ 0.6　　B. 0.6 ~ 0.7　　C. 0.7 ~ 0.8　　D. 0.7 ~ 0.9
3. 鹅肝中含有大量的（　　），在烹调时不要用急火，不然会使鹅肝的质地变干。
   A. 脂肪　　B. 胶质　　C. 蛋白质　　D. 结缔组织

### 二、判断题

1. 一般肉用鹅是指饲养一年左右的鹅。（　　）
2. 家鹅起源于雁，中国鹅的祖先是灰雁，欧洲鹅的祖先是鹅雁。（　　）
3. 在烹调鹅肝时不要用急火，以免脂肪流失。（　　）

### 三、实践活动——鹅肝与鸭肝的区别

| 对　比 | 鹅　肝 | 鸭　肝 |
|---|---|---|
| 色泽 | | |
| 形态 | | |
| 质地 | | |
| 口感 | | |

# 任务4 鸽

## [案例导入]

**特里佛齐奥与亚拉冈的婚宴菜单，1488**

第一道菜：玫瑰盥洗液、酥皮松仁饼（加糖）、各种杏仁蛋糕

第二道菜：芦笋

第三道菜：迷你香肠和肉丸

第四道菜：烤灰山鹑，配酱汁

第五道菜：全小牛头，镀金镶银以装饰

第六道菜：香肠、火腿和野猪肉配阉鸡肉和鸽肉，以精致浓汤浇汁

第七道菜：酸樱桃酱烤全羊

第八道菜：橄榄配多种烤飞禽肉——烤鸽肉、烤山鹑、烤野鸡、烤鹌鹑、烤欧洲莺

——摘自《达·芬奇的秘密厨房》

## [任务布置]

上面是来自文艺复兴时期意大利贵族婚宴菜单的一部分，可以看到一些禽类菜肴在当时非常受欢迎。在现代的西餐中鸽子料理不常见，但也会出现在高档宴席中。鸽子有什么品种，肉质有何标准？

## [任务实施]

### 1）鸽的品种

鸽（图3.18）是一种家禽，起源于原鸽，是世界上最早被驯化的鸟类之一。鸽根据用途不同可分为肉用、观赏以及通信3类，烹饪中主要用肉用鸽。

图3.18 鸽

肉用鸽通常是指约4周龄的乳鸽，主要有王鸽、石歧鸽、法国地鸽、大型贺姆鸽等品种。此外，卡奴鸽、瑞士白王鸽、波德斯鸽、鸾鸽、斯特拉斯舍尔、年夜坎麻、天津黑鸽等，也是较好的肉用鸽品种。肉用鸽的胸部饱满，肉质细嫩、味美。

### 2）鸽的肉质特点

成年鸽的饲养时间在4周以上，质量为0.45 ~ 0.9千克，肉呈深色，肉质较老，常用焖或烩等制作方法。乳鸽的饲养时间在3 ~ 4周，质量为0.45千克，肉质较嫩，肉色较浅，在西餐中常用煎、烤、焖等制作方法。

## 【练习与思考】

### 一、选择题

1.（　　）体形较大，特别是乳鸽饲养3～4周即可成熟，胸部饱满，肉质细嫩。

A. 肉用鸽　　B. 灰鸽　　C. 岩鸽　　D. 原鸽

2. 在西餐中鸽常用（　　）等烹调方法。

A. 煎、炸、焖　　B. 煮、烤、焖　　C. 煎、烤、焖　　D. 焗、烤、焖

### 二、判断题

1. 家鸽由原鸽驯化而成，按用途可分为肉用、观赏以及通信3类。（　　）
2. 乳鸽的饲养时间在5周，质量为0.45千克，肉质较嫩，肉色较浅。（　　）
3. 鸽是一种家禽，起源于原鸽。（　　）

### 三、实践活动——寻找美食

寻找、品尝一道用鸽子制作的菜肴，完成下表。

| 菜肴名称 | |
|---|---|
| 主要烹调方法 | |
| 使用鸽子的部位 | |
| 口　味 | |
| 色　泽 | |
| 形　态 | |
| 售　价 | |

# 任务5　蛋类原料

**[案例导入]**

蛋是大自然以及厨房的惊奇之一。它简单而平静的外表下，蕴藏着日常生活里的奇迹：集合多种营养素，转变成活生生、会呼吸且精力旺盛的生物。蛋已成为一种象征，诉说着动物、人类、地球，甚至整个宇宙谜一般的起源。蛋作为创造者的象征，在现代更受到了进一步的重视。蛋黄储存了母鸡从种子与树叶获取的养分，而种子与树叶则储存了太阳的辐射能，让蛋黄呈现“黄色”的色素也直接来自植物，这种色素能保护植物中执行光合作用的机制，不会因太阳光强烈照射而遭受破坏。

——摘自《食物与厨艺》

**[任务布置]**

西餐中蛋类一般用在早餐，可以做煎蛋、蛋卷和炒蛋。蛋有哪些品种，各有什么特点？

**[任务实施]**

## 2.5.1　蛋的品种

蛋是指卵生动物为繁衍后代而排出体外的卵，通常除禽类外，一些爬行动物如蛇、龟等也产蛋，但在烹饪中常用的是禽类所产的蛋，如西餐中常用鸡蛋、鸽蛋。禽蛋的营养价值都较高，其中蛋白质含量为13% ~ 15%，都为完全蛋白质，其脂肪中不饱和脂肪酸含量也较高，除此之外还含有多种维生素及矿物质。

### 1）鸡蛋

通常按照鸡的饲养方法可将鸡蛋分为标准鸡蛋和自然鸡蛋两种。

**（1）标准鸡蛋（Standard Eggs）**

标准鸡蛋，通常称为洋鸡蛋，主要是指室内人工饲养的鸡所产的鸡蛋，蛋壳呈白色或棕色（图3.19），蛋黄颜色略浅。

图3.19　鸡蛋

**（2）自然鸡蛋（Free-range Eggs）**

自然鸡蛋，通常称为草鸡蛋，主要是在大自然放养的鸡所产的鸡蛋，蛋黄颜色略深，营养价值与标准鸡蛋差别不大，但其饲养成本高，因而价格较贵。

### 2）其他蛋类

鸡蛋是西餐中常用的禽类蛋品，除此之外还有鸭蛋、鹌鹑蛋、鸽蛋等，在西餐菜肴中经常使用的是鹌鹑蛋和鸽蛋（表3.14）。

**表 3.14　其他蛋类及特点**

| 名　称 | 图　片 | 特　点 |
|---|---|---|
| 鹌鹑蛋 | | 鹌鹑蛋外形近似于圆形，蛋壳薄，易碎，表面呈棕褐色斑点，个体小，每个重 3 ~ 4 克，其蛋白质和维生素 A 含量较其他蛋类高，质地特别细嫩，可作为高档菜肴的配料和装饰 |
| 鸽蛋 | | 鸽蛋外形呈椭圆形，白色，蛋壳薄，每个重 15 克左右，常用于高档菜肴 |

## 2.5.2　蛋的品质

禽蛋由外至里可分为蛋壳、蛋清以及蛋黄 3 个部分，其中蛋壳约占全蛋质量的 11%，厚度为 0.2 ~ 0.4 毫米，主要由外蛋壳膜、石灰质蛋壳、内蛋壳膜、蛋白膜构成，其中石灰质蛋壳主要由碳酸钙构成，质地较脆，起保护蛋白和蛋黄的作用。蛋白约占全蛋质量的 58%，是一种胶体物质，靠近蛋壳的蛋白为稀蛋白，靠近蛋黄的为稠蛋白，蛋品越新鲜，其稠蛋白越多。蛋黄约占全蛋质量的 31%，由系带、蛋黄膜、胚胎、蛋黄内容物构成，其中蛋黄内容物是一种黄色不透明的乳状液，也称为蛋黄液。

新鲜禽蛋的外壳膜完好，无花斑，表面比较粗糙，壳上附有一层雾状的粉末，打破蛋壳后，其中稠蛋白较多，蛋白扩散面积不是很大，且有黏性，蛋黄居中。随着禽蛋放置时间增加，蛋白黏性降低，系带的弹性会减弱，失去固定作用，蛋黄偏离中心，向蛋壳靠近，禽蛋变得不新鲜。新鲜禽蛋的蛋黄比较坚挺，随着存放时间加长，蛋黄会越来越软塌，直至完全散开。

## 【练习与思考】

### 一、选择题

1. 蛋壳约占全蛋质量的（　　）。
   A. 11%　　B. 16%　　C. 20%　　D. 25%
2. 鸽蛋外形呈椭圆形，白色，蛋壳薄，每个约重（　　）克。
   A. 5　　B. 10　　C. 15　　D. 20
3. 鸡蛋的稠蛋白越多，说明鸡蛋的新鲜度（　　）。
   A. 越好　　B. 越差　　C. 一般　　D. 无关系
4. 蛋黄内容物是一种黄色（　　）的乳状液。
   A. 透明　　B. 不透明　　C. 厚重　　D. 稀稠

5. 在西餐烹调中使用较多的是（　　）。
A. 鸡蛋　　B. 鸭蛋　　C. 鸽蛋　　D. 鹌鹑蛋
6. 蛋白是一种典型的（　　）物质。
A. 保持　　B. 固定　　C. 胶体　　D. 粘连
7. 鸡蛋的蛋白分两部分，一部分叫稀蛋白，另一部分叫（　　）。
A. 黏蛋白　　B. 白蛋白　　C. 球蛋白　　D. 稠蛋白
8. 鹌鹑蛋中的蛋白质和（　　）含量较其他蛋类高。
A. 维生素 A　　B. 维生素 B　　C. 维生素 C　　D. 维生素 D

## 二、判断题

1. 石灰质蛋壳主要由磷酸盐和各种微量元素构成。（　　）
2. 随着鸡蛋新鲜度的下降，系带的弹性会减弱，失去固定作用，使蛋黄向蛋壳靠拢。（　　）
3. 西餐中鹌鹑蛋是用途最广泛的。（　　）

## 三、实践活动——新鲜度实验

将鸡蛋分别在下列情况下存放，然后观察鸡蛋变化。

| 鸡蛋存放情况 | 蛋壳变化 | 蛋白变化 | 蛋黄变化 |
|---|---|---|---|
| 新鲜鸡蛋 | | | |
| 新鲜鸡蛋在 4 ℃下存放一周 | | | |
| 新鲜鸡蛋在 25 ℃下存放一周 | | | |
| 新鲜鸡蛋在 38 ℃下存放一周 | | | |

# 项目 3

# 水产品类原料

## 【项目导学】

自古以来，人类取鱼、贝、虾、蟹滋养自身，也依赖其壮大繁衍。鱼、贝、虾和蟹类属水产品，我们通常将带有鳍的或带有软壳及硬壳的海水和淡水动物归为其类。水产品包括的范围很广，也一直是人们重要的食物来源之一。可以被食用的水产品有很多，大致可分为鱼类原料和贝壳类原料。

## 【教学目标】

### [ 知识教学目标 ]

①了解各类水产品类原料的特点；
②掌握各类水产品类原料的质地、性能、用途；
③熟悉水产品类原料的分类、品名、上市季节。

### [ 能力培养目标 ]

①能够正确选用各类水产品类原料；
②能够熟练鉴别水产品类原料的新鲜度。

### [ 职业情感目标 ]

①正确认识烹饪原料质量与使用中的成本控制；
②激发学习兴趣，引起学习动机，明确学习目的，进入学习情境。

# 任务1　鱼类原料

**[ 案例导入 ]**

图 3.20 的寿司盒是常见的日式料理，其中三文鱼寿司是一道较经典的菜肴。

图 3.20　寿司盒

**[ 任务布置 ]**

寿司中还可以用哪几种鱼类？

**[ 任务实施 ]**

## 3.1.1　淡水鱼类原料

### 1）鳜鱼（Mandarin Fish）

鳜鱼（图 3.21）又名桂鱼、季花鱼、花鲫鱼等，鳜鱼属于鲈形目鮨科，是淡水名贵鱼类之一。在江河、湖泊中常见的鳜鱼以翘嘴鳜为数最多。鳜鱼一年四季均有生产，但以每年二、三月份产的最肥。

鳜鱼属肉食性鱼类，身体侧扁，口大，牙尖利，性凶猛，体表鳞片细小，呈青灰色，有黑色斑点，背鳍前部有 13 ~ 15 条硬刺，内有毒素。其肉质细嫩，无小刺，味道鲜美，是西餐中使用较广泛的鱼类，适用于煎、煮、蒸等烹调方法。

图 3.21　鳜鱼

图 3.22　鲈鱼

### 2）鲈鱼（Perch）

鲈鱼（图 3.22）又名花鲈、七星鲈，在分类学上属鲈形目鮨科，栖息于近海，在全世界温带沿海地区均有出产，以加拿大和澳大利亚的产量最高。鲈鱼有河鲈和海鲈之分，海鲈以我国天津北溏产的质量最好。

鲈鱼的身体侧扁，成鱼长 30 ~ 60 厘米，嘴大，背厚，鳞小，栖于近海，冬季回游到淡水区，性凶猛，以小鱼虾等为食。鲈鱼肉呈白色蒜瓣状，刺少，肉质细嫩、爽滑、鲜美，营养丰富，适用于炸、煎、煮等烹调方法。

#### 3）鳟鱼（Trout）

鳟鱼属鲑形目鲑科，是一类很有价值的垂钓鱼和食用鱼，原产于美国加利福尼亚的洛基塔山麓的溪流中，品种很多，有金鳟、虹鳟、湖鳟等品种，其中虹鳟最常见，是西方人喜欢食用的鱼类。鳟鱼能生活在水温较高（25 ℃左右）的江河、湖泊中，世界上的温带国家均有出产，以丹麦和日本产的鳟鱼最为著名。

虹鳟的身体侧扁，底色淡蓝，有黑斑，因体侧有一条橘红色的彩带而得名，其肉质坚实，小刺少，味道鲜美，适合煮、烤、煎、炸等烹调方法。

#### 4）鲟鱼（Sturgeon）

鲟鱼属于软肉硬鳞鱼，主要产于我国黑龙江流域和俄罗斯境内的冰河内，产卵期一般在6—7 月，我国是鲟鱼品种最多、分布最广、资源最为丰富的国家之一。鲟鱼是世界上唯一生活在水中的活化石，是所有鱼类中营养价值最高的一种鱼类。鲟鱼无小刺，肉质鲜美，常用于熏制，也可生食，其生鱼片口感鲜嫩、脆、滑。鲟鱼的软骨（鲟鱼通体软骨）、皮、鳍、肝、肠等可烹制成各种菜肴。鲟鱼卵也是高档原料，可制成黑鱼子酱。烹饪鲟鱼的方法一般为烤、蒸、入汤和制作刺身等。

#### 5）鳗鱼（Eel）

鳗鱼又名鳗鲡、青鳝、白鳝，可分为河鳗和海鳗。河鳗大部分时间都生活在淡水中，只有在产卵期才游往大海；海鳗则始终生活在海洋里，躯体比河鳗大。河鳗在无法回海时，也能在淡水中永久生存，但不能生育繁殖。鳗鱼肉硬实，但很细嫩，油性较大，无小刺，表皮光滑并肥厚，营养价值较高。

### 3.1.2　海水鱼类原料

#### 1）鲑鱼（Salmon）

图 3.23　鲑鱼

鲑鱼（图 3.23）又名三文鱼，因为只能在无污染、低水温、高溶氧的大流量水中生存，所以是世界上名贵的鱼类之一，主要分布于太平洋北部及欧洲、亚洲、美洲的北部地区，它生长在大海，产卵期进入江河。其品种有红鲑、大马哈鲑、细鳞鲑等，我国主要产大马哈鲑。鲑鱼以挪威的产量最大，且名气很大，而质量最好的鲑鱼产自美国的阿拉斯加海域和英国的英格兰海域。

鲑鱼的肉质紧密鲜美，肉色呈粉红色并有弹性，是西餐制作中常使用的鱼类之一，适合生食、煎、烤、烟熏、铁扒等烹调方法，烹制时间不宜过长，否则会失去其独特的风味。

#### 2）比目鱼（Flounder）

比目鱼（图 3.24）是世界上主要的经济海产鱼类，分布在大西洋、太平洋、白令海峡以

图 3.24　比目鱼

及许多内海地区，以美国阿拉斯加海域所产质量最好，在我国主要产于黄海北部和渤海，以秦皇岛产的质量最好。

比目鱼的身体扁平得像一张薄片，呈长椭圆形，头小，呈灰白色，有细鳞，还有不规则的斑点或斑纹，两眼都长在右侧，左侧常常朝下，卧在沙底。比目鱼品种较多，常见的有鲆、鲽、鳎 3 种，其中鲆鱼的质量最好，而舌鳎的质量最差。

比目鱼肉质细嫩，色白，味美，全身仅有 1 根脊椎大刺，无小刺，适用于各种烹调方法。

### 3）金枪鱼（Tuna）

金枪鱼又称青干，音译为吞拿鱼，是海洋暖水中上层的结群洄游性鱼类，也是名贵的西餐烹饪原料之一。金枪鱼分布在太平洋、大西洋和印度洋的热带、亚热带和温带的广阔水域里，是一种大洋性鱼类。我国南海金枪鱼的资源较丰富，台湾地区的金枪鱼渔业较发达，产量名列世界前列。金枪鱼的体形大，呈纺锤形，背部青褐色，有淡色斑纹，头大而尖，尾细小，有两个背鳍，几乎相连，背鳍和臀鳍后方有 8 ~ 10 个小鳍，一般长 50 厘米，有的可达 100 厘米。金枪鱼整体两头尖，中间厚，像颗“炸弹”，鳞片细小，全身光滑。

金枪鱼肉色暗红（图 3.25），肉质坚实，无小刺，可制作罐头、鱼干、冷菜，也可用于煎、炸、铁扒等方法制作菜肴，还可以腌制或者生食。

图 3.25　金枪鱼

图 3.26　鳕鱼

### 4）鳕鱼（Cod）

鳕鱼又名大头青、大口鱼、大头鱼、明太鱼、水口、阔口鱼、大头腥、石肠鱼，主要产于大西洋北部的冷水区域，在我国产于黄海和东海北部，以黄海北部为主要产区，但产量不高。鳕鱼属凉水性底层鱼类，其中挪威鳕鱼的品种多，质量较好。

鳕鱼体长，稍侧扁，尾部向后渐细，头大，口大，一般长 25 ~ 40 厘米，重 300 ~ 750 克；头背及体侧为灰褐色，有不规则的深褐色斑纹，腹面为灰白色，品种有黑线鳕鱼、无须鳕鱼、银须鳕鱼等。

鳕鱼每百克肉含蛋白质 16.5 克、脂肪 0.4 克左右，肉质细白鲜嫩（图 3.26），无小刺，清口不腻，世界上有不少国家把鳕鱼作为主要食用鱼类之一。除鲜食外，鳕鱼还可加工成各种水产食品，此外鳕鱼肝大，且含油量高，是提取鱼肝油的原料。

### 5）沙丁鱼（Sardine）

沙丁鱼是鲱鱼的统称，是世界上重要的经济鱼类之一，广泛分布于南北纬度 6° ~ 20° 温带海洋区域中。在春季和夏季，沙丁鱼会生活在近海，其他季节就会转移到深海里。当它们在近海时，会经常遇到海鸟的袭击，同时也会被人类捕杀。

沙丁鱼的体形较小，成年沙丁鱼体长约 26 厘米，臀鳍最后两鳍条扩大，鱼体侧扁，主要有银白色和金黄色等品种。沙丁鱼脂肪含量高，味道鲜美，主要用于制作罐头，或用于制作番茄沙司或芥末沙司。

6）鳀鱼（Anchovy）

图 3.27 鳀鱼

鳀鱼又称黑背鳀鱼、银鱼、小凤尾鱼，是世界上重要的小型经济鱼类之一，分布于各大海洋中，在我国的东海、黄海有丰富的鳀鱼资源。

鳀鱼体长，侧扁，长约 13 厘米，银灰色，肉色粉红，肉质细嫩，味道鲜美。鳀鱼在西餐厨房中常见的多为罐头产品，俗称“银鱼柳”（图 3.27），属上等原料，被广泛应用于西餐烹饪中，一般用于制作配料或沙司调料。

## 【练习与思考】

### 一、选择题

1. 鳜鱼一年四季均有生产，每年（　　）产的最肥。

A. 二、三月份　B. 四、五月份　C. 六、七月份　D. 八、九月份

2. 鲟鱼属软肉硬鳞鱼，主要产于我国（　　）流域和俄罗斯境内的冰河内。

A. 黑龙江　B. 松花江　C. 嫩江　D. 长江

3. 鳟鱼属鲑科，品种很多，最常见的是（　　）。

A. 金鳟　B. 湖鳟　C. 硬头鳟　D. 虹鳟

4.（　　）的鳕鱼品种多，质量较好。

A. 加拿大　B. 挪威　C. 美国　D. 冰岛

5. 金枪鱼适合铁扒、煎、炸等方法制作菜肴，也可以腌制或（　　）。

A. 蒸食　B. 煮汤　C. 烤食　D. 生食

6. 鳜鱼是（　　）鱼，肉质细嫩，无小刺。

A. 素食性　B. 食草性　C. 肉食性　D. 杂食性

7. 鲑鱼切忌用（　　）烹制，否则会失去其独特的风味。

A. 高温　B. 低温　C. 煎炸　D. 过度

8. 世界上鲑鱼产量最高、质量最优的国家是（　　）。

A. 中国　B. 俄罗斯　C. 挪威　D. 加拿大

9.（　　）的卵可制成名贵的黑鱼子酱。

A. 鲟鱼　B. 三文鱼　C. 桂鱼　D. 大马哈鱼

10. 鳟鱼能生活在水温（　　）的江河、湖泊中。

A. 25 ℃左右　B. 35 ℃左右　C. 15 ℃左右　D. 5 ℃左右

11. 鲟鱼无小刺，肉质鲜美，常用于（　　）。

A. 腌制　B. 干制　C. 熏制　D. 烤制

12. 虹鳟鱼体侧扁，底色淡蓝，有黑斑，体侧有一条（　　）的彩带。
A. 白色　　B. 黄色　　C. 金色　　D. 橘红色
13. 比目鱼品种较多，其中（　　）的质量最好。
A. 鲆　　B. 鲽　　C. 鳎　　D. 舌鳎
14. 鳕鱼在我国以（　　）北部为主要产区，但产量不高。
A. 渤海　　B. 黄海　　C. 东海　　D. 南海
15. 海鲈以我国（　　）产的质量最好。
A. 上海　　B. 天津北塘　　C. 温州　　D. 大连
16. 比目鱼在我国主要产于黄海北部和渤海，以（　　）产的质量最好。
A. 青岛　　B. 烟台　　C. 大连　　D. 秦皇岛
17. 金枪鱼是海洋暖水（　　）的结群洄游性鱼类。
A. 深层　　B. 中层　　C. 上层　　D. 中上层
18. 沙丁鱼主要用于（　　）。
A. 生食　　B. 腌制　　C. 制罐头　　D. 炸食
19. 鲈鱼肉质细嫩，呈白色（　　）状，刺少，味美，适用于煎、炸、烤等多种烹调方法。
A. 栗子　　B. 百合　　C. 蒜瓣　　D. 梳子
20. 鳀鱼是西餐的上等原料，一般用作配料或（　　）调料。
A. 面食　　B. 制汤　　C. 蘸食　　D. 沙司

## 二、判断题

1. 鳜鱼是世界上一种名贵的海水鱼。（　　）
2. 鲑鱼主要分布于北半球的太平洋北部及欧、亚、美三洲的北部地区。（　　）
3. 鲟鱼产卵期为每年的 6—7 月。（　　）
4. 比目鱼是世界上主要的经济海产鱼类之一，分布在大部分海洋的深层。（　　）
5. 鳕鱼主要产于大西洋北部的冷水区域。（　　）
6. 鲈鱼有海鲈鱼、长江鲈鱼两种。（　　）
7. 鳀鱼在西餐厨房中常见的多为罐头制品，俗称“银鱼柳”。（　　）
8. 沙丁鱼富含优良蛋白质，味鲜美，主要用途是制作罐头。（　　）

## 三、实践活动——新鲜度实验

采购一条鲈鱼，分别在室温下放置 0.5 小时、4 小时、8 小时、12 小时，观察其变化。

| 名　称 | 0.5 小时 | 4 小时 | 8 小时 | 12 小时 |
|---|---|---|---|---|
| 鱼皮 | | | | |
| 鱼眼 | | | | |
| 鱼腹 | | | | |
| 气味 | | | | |

# 任务2 贝壳类原料

**[案例导入]**

图3.28的焗鲜贝是常见的菜肴，鲜贝属贝壳类。

图3.28 焗鲜贝

**[任务布置]**

常见的还有哪些贝壳类原料?

**[任务实施]**

## 3.2.1 甲壳类原料

多数甲壳类动物的肉与鱼肉一样，含有快缩肌（白肌），但结缔组织的胶原蛋白比鱼肉多，受热时较不易溶解，因此甲壳类动物的肉不如鱼肉脆弱，但容易煮干。甲壳类动物肌肉中的蛋白质分解酶活性很强，如果没有马上烹煮肉就会坏掉，肉质很容易变烂。这些酶在55～60℃时作用最快，因此烹煮时需要尽快让温度超过这个范围，或让它刚好达到这个温度（以保持湿润度），尽快上桌。水煮或蒸是最快的加热方式，通常也是料理虾与螃蟹最常用的方式。甲壳类动物的肉质通常也比鱼肉耐冻，冷冻虾尤其能保持相当好的鲜度。然而家用冰箱的温度通常不像商用冰箱那么低，有时虾肉仍会发生一些化学变化，肉质变韧，因此冷冻的甲壳类动物仍要尽快食用。下面将介绍一些在西餐中用到的甲壳类原料。

图3.29 龙虾

### 1）龙虾（Lobster）

龙虾（图3.29）属于节肢动物门软甲纲十足目龙虾科属动物，属爬行类，体长一般在20～40厘米，重0.5千克左右，最重的能达到5千克以上。

龙虾是海洋中最大的虾类，生活在地中海沿岸一直到北海一带的温、热带海洋中，以澳大利亚和南非产的质量为佳。烹饪经常使用的龙虾主要有波士顿龙虾、澳洲龙虾、锦绣龙虾以及中国青龙虾等，其中波士顿龙虾身体肥短，头部生长有两只大螯钳，肉质结实、鲜美，是西餐中的名贵菜肴，而锦绣龙虾体大质优，其头胸甲壳及前部后背有美丽五彩花纹，脚爪有黄色横斑。

优质龙虾尾巴较灵活，有四对足、两只大钳，外壳深绿色，烹调后呈红色。一般活的龙虾烹调后肉质坚实，死龙虾烹调后肉质松散。龙虾的纤维组织少，肉质坚实，多汁，有弹性，味道鲜美。西餐中龙虾既可做冷菜也可做热菜，热菜可使用蒸、焗等烹调方法，龙虾壳还可制作基础汤或龙虾酱等，龙虾属高档烹饪原料。

#### 2）大虾（Prawn）

大虾（图 3.30）又称明虾、对虾、斑节虾，属于节肢动物门甲壳纲，主要产于我国的渤海、黄海以及朝鲜的西部沿海，栖息于泥沙底的浅海，一般在 4—5 月和 9—10 月为捕捞旺季。大虾中的雌虾比雄虾大，呈清白色，所以也称为青虾，而雄虾呈淡黄色，称为黄虾。

大虾通常是以 500 克多少个来定价格，个数越少，大虾的个头越大，价格越贵，个头小的大虾可用于制作沙拉或者采用烩、煎等烹调方法的热菜，个头大的大虾可用于采用煎、焗等烹调方法的热菜。

图 3.30　大虾

图 3.31　蟹

#### 3）蟹（Crab）

蟹（图 3.31）又称螃蟹，为节肢动物，属十足目，淡水、咸水皆产，品种繁多。目前，全世界蟹的品种多达 6 000 余种。我国的蟹资源也十分丰富，种类有 600 多种。大多数的蟹类生活在海中，以热带浅海的种类最多，如方蟹科、沙蟹科等生活在广阔的潮间带，玉蟹科、扇蟹科、梭子蟹科等主要生活在沿岸带。

蟹的头部生有两支大螯，另有八只脚，全身略呈梭形；雄的尖脐，雌的圆脐。其肉质外红内白，鲜嫩味美；以产于深海、体形大的为佳。在西餐中常将螃蟹煮熟取肉，再用来制作沙拉或热菜。

### 3.2.2　软体类原料

软体类原料通常是指只有后背骨或带有成对硬壳的海产品。

#### 1）牡蛎（Oyster）

牡蛎（图 3.32）又称蚝，属软体动物门瓣鳃纲，多分布于热带和温带，是一种生长在海边岩石上的贝类生物。

图 3.32　牡蛎

我国渤海、黄海和南沙群岛均有出产。牡蛎一般在每年 12 月到第二年的 4 月上市，但冬季产的质量最好。

牡蛎的壳形不规则，大小、厚薄因种而异，其闭壳肌仅有 1 个，外套膜外的多数小触手是其感觉器官。牡蛎的肉质鲜美，含有丰富的蛋白质、脂肪和糖类，可以鲜食或烹食，也可干制或制作罐头，在西餐中生食时会搭配柠檬汁，也可以制作热菜或沙司。

2）扇贝（Scallop）

图 3.33　扇贝

扇贝（图 3.33）又称带子，喜栖浅海，或水流轻急的清水，用足丝固定在海底岩礁或沙石上，世界上以北海道和清森产的质量最好，我国沿海也有出产。

扇贝是名贵的海产双壳贝类，具有特别肥大的闭壳肌，闭壳肌可取出冷冻，成为冻鲜贝，也可制成干制品，称为干贝。

扇贝的肉质细嫩，味道鲜美，营养丰富，蛋白质含量达 60% 以上，比鸡蛋高约 4 倍。在西餐中常用来煎制，但加热时间不宜过长。

3）海虹（Mussel）

海虹（图 3.34）又称贻贝、青口或青口贝，个体较小，呈椭圆形，前端呈圆锥形，青黑色相间，有圆心纹。其肉质鲜美，有弹性，大多为鲜活原料，可带壳也可去壳食用。海虹在西餐中使用较多，可用于制作沙拉，也可用于制作各类热菜。

图 3.34　海虹

图 3.35　蛤

4）蛤（Clam）

蛤（图 3.35）的品种很多，一般可分为体积较大的蛤（Chowders）、中等体积的蛤（Cherrystones）、小蛤（Littlenecks），蛤蜊肉鲜美可口，营养价值高。烹饪方法主要是炒、烧、蒸或煮，可带壳或将肉取出后食用。

5）蜗牛（Snail）

蜗牛（图 3.36）属无脊椎动物，软体动物门。食用蜗牛具有肥大的足和头，含有人体所需的全面均衡的营养成分，其蛋白质的含量居世界动物之首。食用蜗牛主要有法国蜗牛、意大利庭院蜗牛以及非洲玛瑙蜗牛 3 种。

①法国蜗牛，又称苹果蜗牛、葡萄蜗牛，壳厚，呈茶褐色，中间有一白带，肉质滑嫩，质量好，是同类产品中的佼佼者。

②意大利庭院蜗牛，外壳呈黄褐色，有斑点，肉有褐色和白色两种，肉质较好。

③玛瑙蜗牛，原产于非洲，又称非洲大蜗牛，外壳较大，壳身有花纹，呈黄褐色，肉为浅褐色，肉质一般。

蜗牛肉营养丰富，是法国和意大利传统名菜的原料。

图 3.36 蜗牛

#### 6）鱿鱼（Squid）

鱿鱼的体形细长，头部像乌贼，长有 8 个腕，其中 3 个特别长，躯体的后半长有肉鳍，左右两鳍在末端相连，彼此合并呈菱形。鱿鱼体长一般为 25 厘米，适用于水煮、油炸、铁扒等烹调方法。

#### 7）章鱼（Octopus）

章鱼广泛分布于世界各海域，约有 140 种。大部分为浅海性种类，也有少数深海性种类。章鱼的头部两侧眼径较小，头前和口周围有腕 4 对，长度相近或不等。重 500 ~ 1 000 克的章鱼肉质最好。

## 【练习与思考】

### 一、选择题

1. 大虾雌虾的体色常呈青白色，雄虾则为（　　）色。

A. 玉白　　B. 棕白　　C. 淡黄　　D. 淡青

2.（　　）生长在温、热带海洋中，是虾类中个体最大的品种。

A. 大明虾　　B. 北极磷虾　　C. 墨吉对虾　　D. 龙虾

3.（　　）也称青贝、青口贝。

A. 扇贝　　B. 贻贝　　C. 牡蛎　　D. 蛤蜊

4. 牡蛎以（　　）产的质量最好。

A. 春季　　B. 夏季　　C. 秋季　　D. 冬季

5. 扇贝又称带子，其（　　）为主要食用部分。

A. 肉足　　B. 闭壳肌　　C. 身体　　D. 内脏

6.（　　）虾身肥短，头部生有两只大螯，其肉质结实、鲜美，是西餐中的名贵菜肴。

A. 锦绣龙虾　　B. 长脚龙虾　　C. 中国龙虾　　D. 波士顿龙虾

7. 蜗牛品种很多，目前普遍食用的有 3 种，即法国蜗牛、意大利庭院蜗牛和（　　）玛瑙蜗牛。

A. 欧洲　　B. 美洲　　C. 非洲　　D. 大洋洲

8. 扇贝又称带子，我国也有出产，但质量以（　　）产的最佳。

A. 新西兰　　B. 日本　　C. 澳大利亚　　D. 泰国

9. 牡蛎既可熟食也可（　　），还可干制或制作罐头。

A. 煎食　　B. 生食　　C. 烤食　　D. 烟熏

10.（　　）体大质优，其头胸甲壳及前部后背有美丽五彩花纹，脚爪有黄色横斑。

A. 锦绣龙虾　　B. 长脚龙虾　　C. 中国龙虾　　D. 波士顿龙虾

11. 扇贝有鲜品和（　　）品，味道鲜美。

A. 干制品　　B. 湿制品　　C. 腌制品　　D. 半腌制品

12. 贻贝个体较小，前端呈（　　）。

A. 圆形　　B. 圆锥形　　C. 圆柱形　　D. 椭圆形

## 二、判断题

1. 大虾又称明虾，捕捞旺季为每年的 6—7 月。（　　）
2. 龙虾是虾类个体最大的品种。（　　）
3. 扇贝又称江柱、青口贝。（　　）
4. 牡蛎又称蚝，是生长在海边岩石上的贝类。（　　）
5. 蜗牛肉营养丰富，用蜗牛肉制作的菜肴是德国和俄罗斯的传统名菜。（　　）

## 三、实践活动——市场调查

| 名　称 | 单　价 | |
|---|---|---|
| | 市场 1 | 市场 2 |
| 牡蛎 | | |
| 花蛤 | | |
| 蜗牛 | | |
| 扇贝 | | |

# 模块4

# 调辅原料

# 项目1

# 调味品原料

## 【项目导学】

调辅原料是指能提供和改善菜点口味、质感的一类物质。它在烹饪中虽然用量不大，却运用广泛。在烹调过程中，调味原料的呈味成分连同菜点主配料的呈味成分一起，共同形成了菜点的不同风味特色。调辅原料一般可以分为调味品和辅助原料两大类。

## 【教学目标】

### [知识教学目标]

①了解烹饪中常用的调辅原料；

②掌握西餐中常用调味品原料的种类、特点。

### [能力培养目标]

能够正确使用各类调味品。

### [职业情感目标]

①正确认识烹饪原料质量与使用中的成本控制；

②激发学习兴趣，引起学习动机，明确学习目的，进入学习情境。

# 任务 1　一般调味品

### [ 案例导入 ]

咸只能靠味觉发觉，而“酸”是一种奇妙的味道，不仅舌头能感觉到，我们的鼻子也对它十分敏感。酸味物质解离出的氢离子，在口腔中撩拨我们的味蕾，这种味觉就是酸味。

——摘自《舌尖上的中国》

### [ 任务布置 ]

酸味是基本味中重要的一味，除此之外还有哪些味道？分别用什么调味品能体现这些味道？

### [ 任务实施 ]

烹饪中用于调味的物质极其繁多。一般是按味别不同分为单一调味料和复合调味料。复合调味料是在单一调味料基础上产生的，单一调味料按味别分为以下 5 大类：咸味调味品、甜味调味品、酸味调味品、鲜味调味品和香辛味调味品。单一味是调味料的基础，我们必须了解其组成成分、风味特点、理化特性等知识，才能正确运用各类调味料，使之起到给菜肴赋味、矫味和定味，以及增进菜肴色泽等方面的作用。

## 1.1.1　食盐（Salt）

食盐是菜肴调味最基本、最重要的物质之一，常用的食盐以氯化钠为主要成分。食盐（图 4.1）的品种有很多，按来源不同分为海盐、井盐、池盐、岩盐、湖盐等，其中海盐最为普遍；按加工程度不同分为原盐（粗盐、大盐）、洗涤盐、再制盐（精盐），一般原盐和洗涤盐因含其他盐类成分而具有异味，且不利于人体健康，不会直接用于调味。

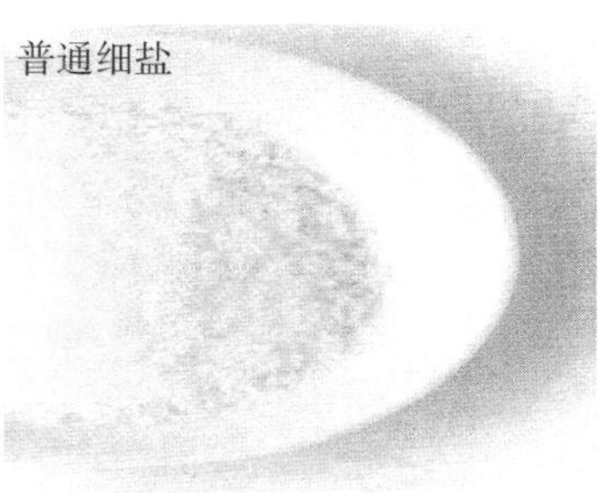


图 4.1　食盐

食盐在烹调中可为菜肴赋予基本的咸味。菜肴中加入少量食盐有助酸、助甜和提鲜的作用，并且可以提高蛋白质的水化作用。食盐可以产生高低不同的渗透压，来改变原料质感，帮助原料入味和防止原料腐败变质，也可作为传热介质，用于盐焗类菜肴。

## 1.1.2 食糖（Sugar）

食糖（图 4.2）是从甘蔗、甜菜等植物中提出的一种甜味调味品，主要有白砂糖、红糖、绵白糖、冰糖等品种，在制作菜肴时也可用蜂蜜作为甜味剂。

图 4.2 食糖

①白砂糖。它是食糖中最主要的产品，纯度高，其蔗糖含量在 99% 以上。优质的白砂糖洁白且有光泽，颗粒均匀，松散而干燥，在西餐中应用广泛，可用于调味，主要用于制作各类西点。

②红糖。其又称赤砂糖，是没有提纯的甘蔗制品，营养价值较高，由于所含杂质较多而易吸水，在西餐中常用于制作圣诞布丁等甜食。

③绵白糖。其蔗糖含量在 97% ~ 98%，含有少量的水分和还原糖。优质的绵白糖颗粒细腻、均匀、洁白，不含带杂色有糖粒及杂质。

④方糖。它是用优质白砂糖经磨细后，再经润湿、压制和干燥后制成，由于能在温水中迅速溶化，常用在西式饮料中，如咖啡。

⑤蜂蜜。它不属于食糖，但是是最早使用的甜味剂，含有 65% ~ 80% 的葡萄糖和果糖，在西餐中常用于制作甜食，也可用于制作菜肴。

食糖在烹调时如果与酸结合，可以脱水生成酯，而酯是具有香味的物质，起到为菜肴增加浓香味的作用。食糖加热至 160 ~ 180 ℃时即可分解并焦化，形成褐色物质，称为焦糖。焦糖可增加食物的色、香、味。食糖还具有去腥解腻、矫正口味的作用。

## 1.1.3 醋（Vinegar）

醋是以米、麦等含糖或淀粉的原料为主，以谷、糠、麸皮等为辅，以糖化、发酵、下盐、淋醋，并加香料、糖等工序制成。按其制作方法不同可分为：发酵醋和人工合成醋。在西餐中常用的醋以果醋居多（表 4.1），烹调时也会利用柠檬等酸味水果中的自然酸味。

醋在烹饪中起除腥解腻、增鲜味、加香味、添酸味等作用，应用较广泛，是许多复合味的重要调料，还具有抑菌、灭菌作用，并且可以降低辣味，保持蔬菜脆嫩，防止酶促褐变，降低维生素 C 的流失。

表 4.1　西餐中常见的醋

| 品　种 | 图　片 | 特　点 |
| --- | --- | --- |
| 白醋<br>White Vinegar | 白醋 | 由醋精加水稀释而成，醋酸含量不超过 6%，口味纯酸，无香味，主要用于制作沙拉和沙拉汁 |
| 葡萄酒醋<br>Wine Vinegar | 白酒醋 | 用葡萄或是酿葡萄酒的糟渣进一步发酵制成，口味酸并带有果香气味，常用于制作沙拉，又可分为红酒醋（Red Wine Vinegar）和白酒醋（White Wine Vinegar）两种 |
| 果醋<br>Fruit Vinegar | 苹果醋 | 是指除葡萄酒醋以外的以水果为原料发酵制成的醋，有苹果醋、浆果醋等，色泽淡黄，口味醇，鲜而酸，带有特殊的果香 |

### 1.1.4　辣酱油（Worcestershire Sauce）

辣酱油（图 4.3）是西餐中广泛使用的调味品，在 19 世纪时传入我国。以英国产的李派林辣酱油比较著名，目前在西餐中使用比较普遍。

辣酱油主要是用海带、番茄、辣椒、葱头、糖、盐、胡椒、大蒜、陈皮、豆蔻、丁香、茴香、糖色、冰醋等酿制而成的。其色泽与酱油相似，口味浓厚，带有酸味，并具有特殊的香味，在西餐中可直接食用，也可用于沙司等的调味。

图 4.3　辣酱油

### 1.1.5　烹调用酒（Cooking Wine）

目前将烹调用酒分为蒸馏酒、酿造酒、配制酒三大类（表 4.2）。通常酿造酒是指用粮食、水果等原料经发酵所得的低度酒。蒸馏酒是用酿造酒经过蒸馏后所得的高度酒。配制酒是以酿造酒或蒸馏酒为基酒，配以其他的原料调制出的具有特殊色、香、味的酒。

与中餐用酒不同，西餐通常会在不同的菜点中加入不同的酒，特别是法式菜肴，酒和香料被公认为烹饪的两大元素。酒本身具有自己的气味和味道，当它们与菜肴的汤汁和某些香料混合后，便形成了独特的气味和味道。调味酒主要用于制作沙司、汤，还常用于腌制畜肉和家禽原料。

表 4.2　酒的分类

| 品　种 | | 特　点 |
|---|---|---|
| 蒸馏酒 | 白兰地<br>Brandy | 白兰地一般是采用发酵好的葡萄汁或皮渣为原料，经过发酵、蒸馏、橡木桶储存、调配酿制而成的蒸馏酒，也有用其他果实为原料酿造的。白兰地的酒体浓郁幽雅，余香绵延，醇和细腻，甘洌绵长，酒精含量为 38 ~ 45 度。在西餐中常用于鱼、虾类菜肴的调味，但在使用时不宜过量，过量的白兰地会使菜肴口味发苦<br>白兰地的质量等级：<br>一星（5 年）、二星（10 年）、三星（15 年）<br>V.O（15 年以上）、V.S.O（20 年以上）<br>V.S.O.P（25 年以上）、P.O.V（30 年以上）<br>X.O（40 年以上）、Extra（50 年以上） |
| | 威士忌<br>Whiskey | 威士忌是以大麦、黑麦、燕麦、小麦、玉米为原料，采用液态发酵法，经蒸馏获得原酒，再盛入橡木桶内储存数年而成。主要有英格兰威士忌、粮谷威士忌、多体威士忌等品种<br>威士忌的酒液金黄、透明、晶亮，具有浓郁的麦芽香气和陈厚的橡木香，酒味丰满醇和，绵软甘爽，酒精度为 38 ~ 44 度 |
| | 金酒<br>Gin | 金酒又名毯酒、琴酒、锦酒、杜松子酒，主要有荷兰式金酒和英式金酒两种。在西餐中可以在做番茄沙司时使用 |
| | 朗姆酒<br>Rum | 朗姆酒又名兰姆酒、老姆酒，是以甘蔗汁、甘蔗糖蜜经发酵、蒸馏制成。按其风格分为白兰姆酒、淡兰姆酒、兰姆老酒、传统兰姆酒、浓香兰姆酒。在西餐中主要用于点心和甜品的调味 |
| 酿造酒 | 葡萄酒<br>Grape Wine | 葡萄酒在世界酒类中占有重要地位，世界生产葡萄酒著名的国家有：法国、美国、意大利、西班牙、葡萄牙等，其中最负盛名的是法国波尔多、勃艮第酒系。最常见的葡萄酒有红葡萄酒和白葡萄酒，酒精占比一般在 10% ~ 20%，是西餐烹调中最常用的酒类<br>①红葡萄酒是用颜色较深的红葡萄或紫葡萄酿造，酿造时果汁和果皮一起发酵，又可分为干型、半干型、甜型（西方国家目前比较流行干型）。品种有玫瑰红、赤霞珠等，适于制作肉类菜肴或沙司，也适合与肉类菜肴搭配饮用<br>②白葡萄酒是用颜色青黄的葡萄为原料酿造，酿造时去除果皮，以干型最为常见，品种有沙当妮、意斯林、莎布利等。口感清洌爽口，适于制作海鲜菜肴，也适合与海鲜类菜肴搭配饮用 |
| | 香槟酒<br>Champagne | 香槟酒是含二氧化碳的优质白葡萄酒，是一种名贵的酒。严格地讲，只有法国香槟地区生产的汽酒才叫香槟酒，其他国家或地区生产的只能叫汽酒。香槟酒采用不同的葡萄为原料，经发酵、勾兑、陈酿转瓶、换塞填充等工序制成，一般需 3 年时间才能饮用，以 6 ~ 8 年的陈酿香槟为佳，适用于烤鸡、焗火腿等菜肴的调味<br>香槟酒的色泽金黄透明，味微甜酸，果香大于酒香，口感纯正，各种味觉恰到好处，酒精占比为 11% 左右。可分为干型、半干型、糖型 3 种，其糖分分别为 1% ~ 2%、4% ~ 6%、8% ~ 10% |

续表

| 品种 | | 特点 |
|---|---|---|
| 配制酒 | 雪利酒 Sherry | 雪利酒又名谢里酒，主要产自西班牙的加的斯，是以当地所产的葡萄酒为基酒，勾兑当地的葡萄蒸馏酒，采用逐年换桶的方式陈酿 15 ~ 20 年，其品质才可达到顶点。雪利酒常用于汤、畜肉、禽类菜肴的调味或制作沙司，也是佐餐甜品的佳品 |
| | 茴香酒 Anisette | 茴香酒是以茴香油和食用酒精或蒸馏酒配制而成，主要产自欧洲一些国家，以法国产的最为著名。主要适用于烹调制作海鲜类菜肴 |
| | 波尔图酒 Portowine | 也可译成钵酒，产于葡萄牙的杜罗河一带，因在波尔图储存销售而得名。波尔图酒是以葡萄原汁和葡萄蒸馏酒勾兑而成，在制作工艺上吸取了不少威士忌酒的酿造经验，按颜色可分为黑红、深红、宝石红和茶红 4 种，可作为甜食酒饮用，烹调中常用于各种野味和汤类的制作，腌制鹅肝时常用此酒 |
| | 马德拉酒 Madeira | 马德拉酒主要产于大西洋上的马德拉岛上（葡属），是用当地产的葡萄酒和葡萄蒸馏酒为基本原料勾兑陈酿制成，酒精占比为 16% ~ 18%，可作为开胃酒，也可作为甜食酒，在烹调中常用于调味或制作沙司 |

## 【练习与思考】

### 一、选择题

1. 食盐按其来源可分为海盐、湖盐、井盐和岩盐，其中（　　）最为普遍。

A. 湖盐　　B. 海盐　　C. 井盐　　D. 岩盐

2. （　　）营养价值较高，适宜制作圣诞布丁等甜食。

A. 白砂糖　　B. 绵白糖　　C. 红糖　　D. 方糖

3. 蜂蜜营养丰富，含有 65% ~ 80% 的葡萄糖和（　　）。

A. 蔗糖　　B. 寡糖　　C. 乳糖　　D. 果糖

4. 辣酱油中以（　　）产的李派林辣酱油比较著名，目前在西餐中使用比较普遍。

A. 法国　　B. 德国　　C. 英国　　D. 意大利

5. 白醋的醋酸含量不超过（　　）。

A. 4%　　B. 6%　　C. 8%　　D. 10%

### 二、判断题

1. 食盐的主要成分是氯化钠。（　　）

2. 红糖是未经提纯的甘蔗制品。（　　）

3. 葡萄酒醋是用葡萄或酿葡萄酒的糟渣进一步发酵制成。（　　）

4. 蜂蜜适宜用来制作甜食，也可用于制作菜肴。（　　）

5. 辣酱油是西餐中广泛使用的调味品。（　　）

6. 醋依据制作方法不同，可分为发酵醋和兑制醋两类。 (  )

### 三、实践活动——自制汽水

汽水是由矿泉水经过煮沸、紫外线照射消毒后的饮用水充以二氧化碳制成的，属于含二氧化碳的碳酸饮料。工厂制作汽水是用加压的方法，使二氧化碳溶解在水里。汽水中溶解的二氧化碳越多，质量越好。市场上销售的汽水，是 1 升水中溶有 1 ~ 4.5 升二氧化碳。有的汽水中除含二氧化碳外，还会加入适量的白糖、果汁和香精。

在实验室和家中也可以自制汽水。取一个洗干净的汽水瓶，瓶里加入占容积 80% 的冷开水，再加入白糖及少量果味香精，然后加入 2 克碳酸氢钠（即苏打水），搅拌溶解后，迅速加入 2 克柠檬酸，压紧瓶盖，防止生成的气体逸出，并使其溶解在水里，然后将瓶子放置在冰箱中降温，取出后，打开瓶盖即可饮用。

# 任务 2　常用香草和香料

**[ 案例导入 ]**

人类开始使用香草和香料（特别是热带地区的民众），是因为里面的化学防御物质有助于控制食物中的微生物，以避免食物中毒、保证食物安全。尽管有些能有效杀死主要的致病微生物，像是蒜头、肉桂、丁香、奥勒冈和百里香等，大部分却不具实效。此外，还有许多种香草、香料（像是黑胡椒等），在热带气候中得经过数日才能干燥，因此每一小撮都含有好几百万个微生物，有时还有大肠杆菌，以及致病的沙门氏菌、杆菌和曲霉菌等菌种。因此，香料通常都得经过各种化学药品熏蒸（美国采用环氧乙烷或环氧丙烯）。进口到美国的香料约有 1/10 是经过辐射杀菌的。

——摘自《食物与厨艺》

**[ 任务布置 ]**

香草与香料是人类普遍在菜肴中会添加的原料，中餐中所用的香草香料与西餐中的有何不同？

**[ 任务实施 ]**

## 1.2.1　百里香（Thyme）

百里香（图 4.4）是西餐烹饪中常用的香料，主要产于地中海沿岸，是一种多年生芳香型植物，全株高 18 ~ 30 厘米，茎为菱形，叶无柄，上有绿点。

百里香的茎和叶都可用于调味，鲜草和干制品均可使用，主要用于牛肉、烧汁、鱼基础汤等，在烹调时应该尽早加入，使其充分释放香气。

图 4.4　百里香

## 1.2.2　迷迭香（Rosemary）

迷迭香（图 4.5）原产于南欧，属唇形科，高 1 ~ 2 米，夏季开花，花为紫红色，唇形状。

迷迭香会散发强烈的复合式香气，包括木质香、松香、花香等，香味浓重，在使用时不易放入过多，否则会产生苦味。迷迭香新鲜、干制都可用于调味，干制品极耐久藏，在西餐菜肴中多作为羊肉、野味的调味品。

图 4.5　迷迭香

## 1.2.3　莳萝（Dill）

莳萝（图 4.6）又名刁草、小茴香，原产于南欧，现北美洲及亚洲南部地区均有生产，为伞形科多年生草本植物，叶羽状分裂，最终裂片呈狭长线状，果实呈椭圆形。

莳萝中的莳萝醚与多种香气结合，会产生特有的香味。莳萝的叶和果实都可作为香料，主要用于海鲜、冷菜、沙拉的制作，也可以将其当成蔬菜，用以搭配米饭。

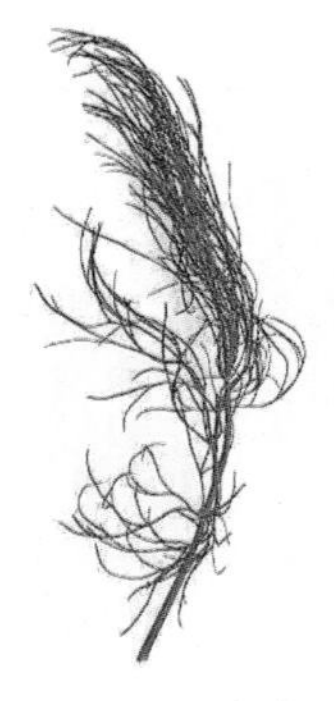

图 4.6　莳萝

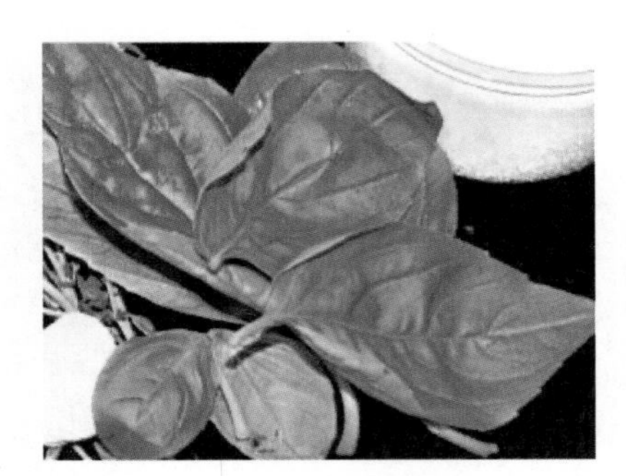

图 4.7　罗勒

### 1.2.4　罗勒（Basil）

罗勒（图 4.7）又名九层塔，产于亚洲和非洲的热带地区，为唇形科药食两用芳香型植物，茎为方形，多分枝，常带有紫色，花呈白色，略带有紫色，含有油脂。

罗勒具有特有的香气，茎、叶均可作为调味品，适用于意大利风味菜肴的制作，是制作番茄类、肉类菜肴以及沙司等不可缺少的原料。

### 1.2.5　香叶（Bay-leaf）

香叶（图 4.8）又名月桂叶，顾名思义就是月桂树的叶子，属樟科植物，原产于地中海沿岸，盛产于东南亚，我国广西也有种植。其采摘后通常在阴凉处风干后使用。

图 4.8　香叶

图 4.9　荷兰芹

香叶是西餐烹调中最基础也最常用的一种调味品，其气味芳香文雅，香气清醇，有杀菌防腐的功能，干制品和鲜叶均可使用，常用于腌制肉制品、烧烤菜肴等，能很好地协调各类原料的香味。

### 1.2.6 荷兰芹（Parsley）

荷兰芹（图 4.9）又名香芹菜、欧芹等，原产于东南欧和西亚地区，是西餐烹饪中极其重要的香草原料。

荷兰芹具有特殊风味，带有清新的木质香气，在菜肴中起增香、加味、增加色彩的作用。

### 1.2.7 他拉根香草（Tarragon）

他拉根香草（图 4.10）又名茵陈蒿、龙蒿，是菊科多年生草本植物，主要产于西伯利亚和西亚，叶长且呈扁状。

他拉根香草的香味浓烈，近似薄荷的味道，主要用于牛肉、家禽类菜肴的制作，也是制作法国细香菜的材料，同时也是比亚列士酱汁的主要风味原料，还可以泡在醋内制成他拉根醋。

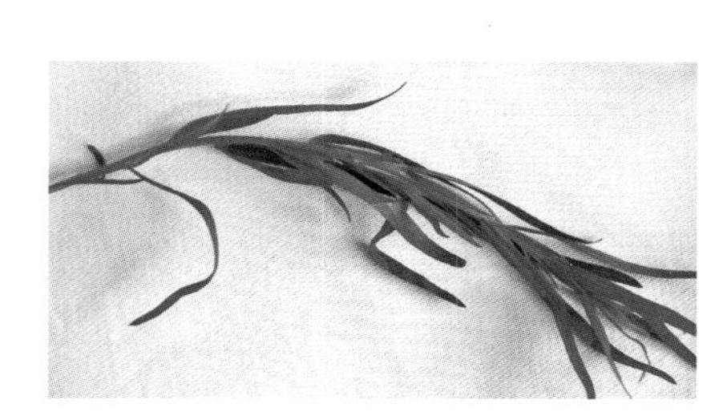

图 4.10　他拉根香草

图 4.11　阿里根奴

### 1.2.8 阿里根奴（Oregano）

阿里根奴（图 4.11）原产于地中海地区，为唇形科芳香型植物，叶细长且圆，种微小。阿里根奴在第二次世界大战后随着比萨的风靡，引起了人们的注意，现在在美国及其他美洲国家被普遍种植。

不同品种的阿里根奴具有不同的风味特色，如土耳其和西班牙所产的香味较清淡，而希腊产的香味较浓郁。阿里根奴适用于番茄类菜肴和意大利菜肴的制作，也是制作比萨酱汁不可缺少的原料。

### 1.2.9 鼠尾草（Sage）

鼠尾草（图 4.12）又名艾草，是唇形科一年生草本植物，生长很慢，叶色白绿相间，世界各地均产，以南斯拉夫地区产的最佳。

鼠尾草具有苦艾脑和樟脑的香气，有些还具有茶香、花香，香味浓郁。其茎、叶均可用来调味，主要用于鸡、鸭以及肉馅类等菜肴的制作。

图 4.12　鼠尾草

图 4.13　牛膝草

## 1.2.10　牛膝草（Majoram）

牛膝草（图 4.13）又名马郁兰，与阿里根奴同科，原产于地中海沿岸，现世界各地均有栽培。

牛膝草的气味温和、清新，带有青草与鲜花的香气，其叶用于调味，可整片或搓碎使用，在法式菜肴、意大利菜肴以及希腊菜肴中使用较普遍，适用于制作牛肉、鸡肉等味浓的菜肴。

## 1.2.11　肉豆蔻（Nutmeg）

肉豆蔻（图 4.14）又名肉果、玉果，原产于印度尼西亚和马来西亚，属肉豆蔻科，为常绿乔木植物。其果实近似球形，为淡红色或黄色，成熟后剥去果皮取果仁，经碳水浸泡、烘干后可得，干制的肉豆蔻表面呈灰褐色。

肉豆蔻质地坚硬，切面有花纹，带有松香、花香以及柑橘香，略带苦味，在西餐中主要用于调制肉馅和土豆菜肴，也可用于以鲜奶油、牛奶、鸡蛋为主的甜点及菜肴中。

图 4.14　肉豆蔻

图 4.15　丁子香

## 1.2.12　丁子香（Clove）

丁子香（图 4.15）又名雄丁香、支解香，原产于马来西亚和印度尼西亚，为桃金娘科植物，由丁子香树的花蕾除掉花柄晒干而成。

丁子香是极特别且气味极强的香料，其气味芳香微辛，有油性，是西餐中常用的一种香料，主要用于腌制、烤制肉类菜肴。

## 1.2.13　藏红花（Saffron）

藏红花（图 4.16）又名番红花，原产于地中海沿岸，以西班牙产的最佳，是世界上最昂

贵的香料。

藏红花既是调味品又是药材，色泽深红，用水煮开后汤色变黄，并溢出类似于干草的香味，在西餐中常用于汤类、海鲜类以及禽类菜肴的制作。在伊朗的手抓饭、西班牙海鲜饭以及法国的马赛鱼汤中常出现，既可增香，又可调色。

图 4.16　藏红花

图 4.17　胡椒

## 1.2.14　胡椒（Pepper）

胡椒（图 4.17）又称玉椒、浮椒，原产于东南亚地区，为被子植物，果实为黄红色，胡椒种植 3 ~ 5 年后可收获，花开后 9 个月果实成熟。

优质的胡椒粒坚硬，香味浓烈，其香辣成分主要来源于胡椒碱、辣椒酯以及少量的挥发油。胡椒按品质及加工方法可分为白胡椒、黑胡椒、绿胡椒和粉红胡椒。白胡椒是用胡椒近成熟的果实，加水浸泡，去除外皮，洗净晒干而成，其种仁较饱满。黑胡椒是用成熟的果实或落下的果实经堆放发酵，再经暴晒，使其表皮皱缩变黑而成。绿胡椒是在胡椒成熟的前 1 周采收制成，具有清新的香气。粉红胡椒是用刚成熟的红色浆果浸泡在盐水和醋液中腌制而成，是较稀有的品种。

胡椒在烹调中起提味、增鲜、合味、增香、除异味等作用，有去寒助消化的功效，但多食会刺激胃黏膜而引发出血。在西餐中海鲜和白肉的调味多用白胡椒，红肉的调味多用黑胡椒，此外，将各色胡椒混合、研磨，也有不错的装饰作用。

## 1.2.15　肉桂（Cinnamon）

肉桂（图 4.18）又名玉桂、牡桂、筒桂，属樟科，由樟属乔木的内层树皮干燥制成。肉桂的皮富含挥发油、极油，使用过程中一般将其磨成粉末，常用于甜品的制作，还可用于腌制蔬菜。

图 4.18　肉桂

图 4.19　香荚兰

### 1.2.16 香荚兰（Vanilla）

香荚兰（图 4.19）常称为香荚兰“豆”，采自中美洲和南美洲北部的原生种藤本兰科植物，目前印度尼西亚和马达加斯加是全球最大的香荚兰生产国。

不同地区的香荚兰具有不同的风味，在西餐中常用于冰淇淋、布丁以及蛋糕等各类甜食的制作，有时也可用液体形式的香草精代替。

## 【练习与思考】

一、选择题

1. 胡椒的香辣成分主要是胡椒碱、（　　）以及少量的挥发油。
A. 辣椒素　B. 胡椒酯　C. 辣椒酯　D. 辣椒碱

2. 肉豆蔻气味芳香而强烈，味辛而微（　　）。
A. 涩　B. 辣　C. 苦　D. 甜

3. 肉桂皮在西餐中常用于腌制（　　），也常用于制作甜点。
A. 肉类　B. 禽类　C. 蔬菜　D. 鲜果

4. 百里香的叶和（　　）可用于调味。
A. 根　B. 皮　C. 花蕾　D. 茎

5. 使用迷迭香时量不宜过大，否则会有（　　）。
A. 酸味　B. 苦味　C. 辣味　D. 涩味

6. 他拉根香草有浓烈的香味，并有（　　）的味道。
A. 清甜　B. 苦涩　C. 清凉　D. 薄荷

7. 鼠尾草主要用于鸡、鸭以及（　　）等菜肴的制作。
A. 鱼类　B. 海鲜类　C. 蔬菜类　D. 肉馅类

8. 莳萝在烹调中主要用其（　　）来调味。
A. 叶　B. 果实　C. 茎　D. 花

9. 罗勒常用于（　　）、肉类菜肴以及沙司的制作。
A. 禽类　B. 海鲜类　C. 番茄类　D. 蔬菜类

10. 阿里根奴在（　　）菜肴中使用最为普遍，是制作比萨酱汁不可缺少的原料。
A. 法国　B. 英国　C. 美国　D. 意大利

11. 藏红花常用于（　　）、海鲜类以及禽类菜肴的制作。
A. 肉类　B. 汤类　C. 蔬菜　D. 鲜果

二、判断题

1. 黑胡椒是种仁饱满，已经成熟的果实。（　　）
2. 香叶又称桂叶，是桂树的叶子，也是西餐特有的调味品。（　　）
3. 丁子香是丁子香树开花后结的籽。（　　）
4. 肉豆蔻在烹调中主要用于调肉馅以及制作面点和土豆菜肴。（　　）

5. 百里香有浓烈的香味，并有薄荷的味道。 （ ）

6. 优质的肉桂皮为淡棕色，带有细纹和光泽。 （ ）

7. 迷迭香原产于南美。 （ ）

8. 莳萝在烹调中主要用其花来调味。 （ ）

9. 鼠尾草以南斯拉夫产的为最佳。 （ ）

## 三、实践活动——自制香草精

将香荚兰浸入伏特加酒中（用白兰地和朗姆酒都不错，带些甜的朗姆酒会让做出来的香草精有些甜味），等待 8 周即可取用。

## 【项目导学】

辅助原料是一类特殊烹饪原料，它们在烹饪中一般不构成菜肴的主体，但都是使烹调工艺顺利进行以及形成菜点质地、色泽等不可缺少的原料，在烹饪中具有重要的地位和作用。西餐烹饪中常用的辅助原料有食用油、辣酱油、芥末粉（酱）等。

## 【教学目标】

### [知识教学目标]

①了解烹饪中常用的调辅原料；

②掌握西餐中常用辅助原料的种类、特点。

### [能力培养目标]

能够正确地使用各类辅助原料。

### [职业情感目标]

①正确认识烹饪原料质量与使用中的成本控制；

②激发学习兴趣，引起学习动机，明确学习目的，进入学习情境。

# 任务1　常用辅助调味原料

**[案例导入]**

传统上，美乃滋都以生蛋黄调制，因此会有感染沙门氏菌的风险。制造商会使用经巴氏杀菌法处理过的蛋黄，一般厨师若担心沙门氏菌，也可以购买巴氏杀菌法处理过的蛋类来使用。醋汁和特级初榨橄榄油都能杀菌，不过处理美乃滋时必须记得，这是极易腐坏的食品，最好立刻使用或冷藏保存。

——摘自《食物与厨艺》

**[任务布置]**

美乃滋是西餐常用的酱汁，通常还可以用于哪些菜肴？

**[任务实施]**

## 2.1.1　食用油（Cooking Oil）

食用油是指供烹饪使用的，包括了植物、动物以及再制品的各类油脂统称。食用油对菜点的色、香、味、形起着重要的作用。西餐中常用的食用油包括橄榄油、玉米油等植物油，黄油、奶油等动物油。

### 1）橄榄油（Olive Oil）

橄榄油（图4.20）又名青果油，是将天然成熟的橄榄果直接冷压所取的油脂。

图4.20　橄榄油

橄榄油是世界上以自然状态的形式供人们食用的植物油之一，在加工中不添加任何化学药剂，是完全天然的绿色食品；橄榄油中含有73.8%不饱和脂肪酸和大量的维生素E，对减少心脑血管病、癌症，防止大脑衰老，增强消化系统功能，促进骨骼和神经系统发育有良好的医疗保健作用；另外，橄榄油是世界上高级美容化妆品的原料，能防止皮肤老化与皮肤弹力下降，可以使皮肤变得光滑，富有青春魅力。

目前橄榄油的产地集中在意大利、西班牙、希腊等地，可分为优质初榨橄榄油、普通初榨橄榄油、普通橄榄油以及精炼橄榄杂质油，其中优质初榨橄榄油质量最优。橄榄油在西餐的各类菜肴中经常出现，但不易高温加热。

### 2）玉米油（Corn Oil）

玉米油富含亚油酸、油酸等不饱和脂肪酸以及维生素A、维生素D、维生素E，不含胆固醇、黄曲霉素等有害物质，口味清淡，加热时间短，油烟少。

玉米油中所含的亚油酸可以改善血脂代谢，降低血糖水平，预防动脉硬化；降低血小板聚集，预防血管栓塞；预防动脉血压升高，改善碳水化合物和胰岛素代谢异常；保持皮肤及机体新陈代谢正常运作，维持免疫系统的正常功能等。

3）花生油（Peanut Oil）

花生油是从花生仁中提取的油。用冷压法提取的花生油，颜色浅黄，气味和口味均很好。用热压法提取的花生油，颜色呈浅橙黄色，有炒花生的气味，可以使菜肴带有特殊香气。

## 2.1.2　蛋黄酱（Mayonnaise）

图 4.21　蛋黄酱

蛋黄酱（图 4.21）是一种含悬浮油滴的乳化液，底料成分包括卵类蛋白、醋或柠檬汁、油、蛋清和其他调味品（如芥末），这里面有风味粒子、稳定粒子，还有碳水化合物（表 4.3）。蛋黄酱是油滴分布最密集的酱料（含油比例高达体积的 80%），质地通常很紧实，而且因为太过黏滞而无法浇淋。蛋黄酱可以用各种水基液体（如蔬果泥和高汤）来稀释、调味，也可以加入鲜奶油；蛋黄酱还可以用发泡鲜奶油或发泡蛋白将空气打入，通常用来为各种冷盘调味。不过，由于成分含蛋黄蛋白质，受热也会产生反应。把蛋黄酱调入稀薄汤底并烹煮片刻，可以使汤汁变得浓稠，也可以让汤汁有更多油；此外，在鱼类、蔬菜烧烤之前先涂上一层蛋黄酱，可以调节进入原料的热能，使原料受热鼓胀，凝结出浓郁的外壳。

表 4.3　蛋黄酱的组成

| 成分 | 作用 |
|---|---|
| 卵黄蛋白（卵黄磷蛋白） | 乳化剂，降低液体的表面张力，起防护胶体的作用 |
| 醋 | 是构成乳浊液的大部分液体，酸性可减缓油产生酸败的速度。蒸馏醋、麦芽醋或苹果醋都可用 |
| 油 | 常用玉米油，含量在 65%，最好用冬化过的油，防止脂肪酸结晶而对乳浊液产生干扰 |
| 蛋清 | 能使成品色淡 |
| 其他调味品 | 可加入芥末、胡椒粉等 |

在西餐中，蛋黄酱是冷菜的基本酱汁之一，在此基础上加入不同的调味品或奶酪可调制出不同颜色、风味的沙拉酱，如千岛酱、鞑靼沙司等。

## 2.1.3　咖喱（Curry）

咖喱（图 4.22）是一种合成调味品，由胡椒、辣椒、生姜、肉桂、豆蔻、丁香、莳萝、芫荽籽、茴香、甘草、橘皮等 20 多种香辛料混合制成，最早起源于印度，现各地均有加工，并呈现出不同风味。咖喱辛辣微甜，呈黄色和黄褐色，分为咖喱粉、咖喱酱两种，在菜肴中起着提辣增香、去腥合味、增进食欲的作用。

图 4.22　咖喱

图 4.23　芥末

## 2.1.4　芥末（Mustard）

芥末（图 4.23）（也称为黄芥末，以区别日本料理中的青芥）是用芥菜的种子制成的，不同国家使用芥菜籽都有不同的方法，可整颗使用，也可以粉碎成粉末使用。一般在市场上所售有芥末粉和芥末酱，芥末粉本身无辣味，用水调制后会产生辛辣味。芥末酱是用芥末粉与水、醋、酒等一起调制而成。芥末粉（酱）是一种具有突出冲、辛、苦味的调味品，芥末粉（酱）常用在西餐的冷菜和热菜的菜品中，味道具有刺激性。

## 2.1.5　番茄类调辅料

番茄是西餐中不可缺少的原料，番茄制品也有很多，能作为调辅原料的常有番茄酱和茄汁。

### 1）番茄酱（Tomato Paste）

番茄酱（图 4.24）是用新鲜的成熟番茄去皮去籽，加热熬煮后磨细，最后加糖及适量的食用色素浓缩而成，呈深红色或红色，酱体均匀细腻、黏稠适度，味酸甜。番茄酱在西餐中常用于制作汤菜、沙司等。

图 4.24　番茄酱

图 4.25　茄汁

### 2）茄汁（Tomato Sauce）

茄汁（图 4.25）又名番茄沙司，是最常用的调味品之一，基本原料是番茄、醋、糖、盐、众香子、肉桂、洋葱、芹菜和其他蔬菜油。与番茄酱相比，茄汁比较稀，口味偏甜，可用于制作沙司等。

## 【练习与思考】

### 一、选择题

1. 番茄酱是用新鲜的成熟番茄去皮去籽，加热熬煮后磨细，最后加（　　）及适量的食用色素浓缩而成。

A. 糖　　B. 盐　　C. 香料　　D. 增稠剂

2. 咖喱最早起源于（　　）。

A. 泰国　　B. 印度　　C. 印度尼西亚　　D. 马来西亚

### 二、判断题

1. 咖喱的制作最早起源于印度尼西亚。（　　）

2. 番茄酱在西餐中是广泛使用的调味品。（　　）

### 三、实践活动——资料收集

蛋黄酱是冷沙司的基础沙司，请按下列要求收集资料。

| 蛋黄酱衍生沙司 | 主要原料 | 可制作菜肴 |
| --- | --- | --- |
| | | |
| | | |
| | | |
| | | |
| | | |

# 任务 2　调味腌制品原料

**[ 案例导入 ]**

开胃菜有很多种类，除了开那批开胃菜、鸡尾开胃菜、迪普开胃菜、开胃汤、开胃沙拉等，还有各种生食和熟制的开胃菜。这些开胃菜的种类繁多，分类方法也很多。其中还有各种小食品，包括爆米花、炸薯片、锅巴片、小萝卜切成的花、胡萝卜卷、西芹心、酸黄瓜、橄榄等。

**[ 任务布置 ]**

酸黄瓜、橄榄等在西餐中属于常使用的调味腌制品，它们有什么特点?

**[ 任务实施 ]**

## 2.2.1　橄榄（Olive）

橄榄（图 4.26）是橄榄树的果实，原产于地中海，历史悠久。橄榄通常在春、夏季开花，呈白色，果核呈椭圆、卵圆、纺锤形等，长 3 厘米左右，绿色，成熟后变淡黄色。可分为绿橄榄和黑橄榄两种：绿橄榄的果实成熟时为黄绿色，之后变成黄白色，果实成熟有皱纹，通常鲜食味佳；而黑橄榄的果实成熟后呈紫黑色，果面平滑，多加工成榄仁使用。

橄榄稍有苦涩味，需用盐略腌以除去异味。橄榄在腌制一段时间后，常作为开胃小菜、餐前小菜食用，尤其在食用水产品时，常用其来佐餐。橄榄也是制作比萨时不可缺少的原料之一。

图 4.26　橄榄

## 2.2.2　酸黄瓜（Sour Cucumber）

酸黄瓜是把黄瓜浸在醋里，加莳萝、大蒜和香辛料腌制而成，通常作为佐食三明治、沙拉以及乳酪的原料。目前在市场上有 3 类酸黄瓜，其中最常见的两类实际上都是调味黄瓜，必须冷藏，否则无法久放。所有腌制黄瓜用的都是薄皮种，还未成熟就采收，这样可以避免种子部位液化，同时还要清除花朵残蒂，才不会因微生物的作用而软化。

图 4.27　水瓜柳

## 2.2.3　水瓜柳（Caper）

水瓜柳（图 4.27）又称水瓜钮、水挂榴、酸豆，原产于地中海沿岸。

用于调味和食用的是其花蕾，市场上常见的有醋渍和盐渍两种，但盐渍的水瓜柳必须用水浸泡去除咸味后使用。水瓜柳常用于鞑靼牛排，海鲜类菜肴，冷沙司、沙拉等开胃小吃。

## 2.2.4　鱼子（Roe）与鱼子酱（Caviar）

鱼子与鱼子酱（表 4.4）在西餐中是珍贵的原料，它们有着一定的区别。鱼子根据来源不同，可分为红鱼子和黑鱼子（图 4.28），其中黑鱼子更加名贵。鱼子与鱼子酱因为口味咸鲜，有着特殊的鲜腥味，在西餐中常用于制作开胃小吃或冷菜等的装饰品。

**表 4.4　鱼子与鱼子酱的区别**

| 名　称 | 制作方法 | 浆　汁 | 状　态 |
|---|---|---|---|
| 鱼子 | 由新鲜鱼子腌制而成 | 少 | 颗粒状 |
| 鱼子酱 | 在鱼子的基础上加工而成 | 多 | 半流质胶状 |

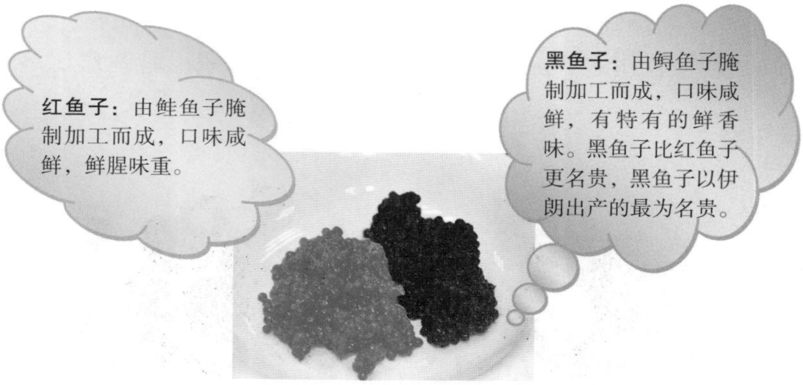

**红鱼子：**由鲑鱼子腌制加工而成，口味咸鲜，鲜腥味重。

**黑鱼子：**由鲟鱼子腌制加工而成，口味咸鲜，有特有的鲜香味。黑鱼子比红鱼子更名贵，黑鱼子以伊朗出产的最为名贵。

图 4.28　红鱼子与黑鱼子

## 【练习与思考】

### 一、选择题

1. 鱼子和鱼子酱一般用于制作（　　）或冷菜等的装饰品。

A. 开胃小吃　　B. 沙司调料　　C. 点心蘸料　　D. 餐后小吃

2. 红鱼子是用（　　）制成，为名贵冷小吃。

A. 鲟鱼子　　B. 鲑鱼子　　C. 鳕鱼子　　D. 鳟鱼子

3. 黑鱼子是用（　　）制成，比红鱼子更为名贵。

A. 鲟鱼子　　B. 鲑鱼子　　C. 鳕鱼子　　D. 鳟鱼子

## 二、判断题

鱼子酱浆汁较少，呈颗粒状。（　　）

## 三、实践活动——市场小调查

选择一家进口超市，记录下所有腌制品的名称，制作一份原料清单。

| 名称（中英对照） | 作　用 |
|---|---|
| | |
| | |
| | |
| | |
| | |

# 任务 3　食品添加剂

## [ 案例导入 ]

2006 年 11 月 12 日，央视《每周质量报告》播报了某市个别市场和经销企业售卖用添加了苏丹红的饲料喂鸭所生产的“红心鸭蛋”，并在该批鸭蛋中检测出苏丹红，其余各地也陆续发现含苏丹红的红心咸鸭蛋。苏丹红是一种人工色素，进入人体后通过胃肠道微生物还原酶、肝和肝外组织微粒体与细胞质的还原酶进行代谢，经代谢后会产生相应的胺类物质。苏丹红的致癌性因此与胺类物质有关。国际癌症研究机构将苏丹红Ⅳ号列为三类致癌物。

## [ 任务布置 ]

食品添加剂目前在食品中使用越来越广泛，烹饪中常用的食品添加剂有哪些？

## [ 任务实施 ]

世界各国对食品添加剂的定义不尽相同，联合国粮农组织（FAO）和世界卫生组织（WHO）联合食品法规委员会对食品添加剂定义为：食品添加剂是有意识地一般以少量添加于食品，以改善食品的外观、风味和组织结构或储存性质的非营养物质。食品添加剂在烹饪中的运用，能有效改善菜点的品质，在现代厨房中的使用日益广泛。

## 2.3.1　凝胶剂

凝胶剂又称为增稠剂，是改善食品组织状态的添加剂，可增加食品黏度，赋予食品黏滑的口感，增加食品的稳定性，还可以按照菜肴的要求形成胶冻。

在使用增稠剂时，需注意为使风味协调，要防止植物性原料（如菠萝等）中含有的蛋白酶将明胶等动物性增稠剂分解，降低凝胶作用，一般植物性原料宜选用植物增稠剂，动物性原料宜选用动物增稠剂。

### 1）植物凝胶剂

#### （1）淀粉（Starch）

图 4.29　淀粉

淀粉（图 4.29）在中餐中常用于给原料上浆、挂糊、拍粉，菜肴的勾芡及茸、泥、丸等工艺菜的黏结成型等。在西餐中淀粉一般不用于给原料上浆，常用于增加汤菜及沙司、酱汁的稠度，也常被作为面粉的填充剂。在制作酥类糕点时加入淀粉可降低面筋膨润度，以降低成品收缩变形程度，令制品酥、松、脆。

淀粉的种类很多，常根据其来源分为菱角淀粉、绿豆淀粉、豌豆淀粉、马铃薯淀粉、玉米淀粉、甘薯淀粉等。淀粉的质量鉴定：质量好的淀粉纯度高，杂质少，

色泽洁白，吸水率高，胀性大，黏性强，能长时间保持菜肴的形态，富有光泽。淀粉保存时需存放于通风干燥处，注意防潮防霉，避免阳光直晒。

**（2）琼脂（Agar）**

琼脂（图 4.30）又称为洋菜、琼胶、冻粉，是从红藻类的石花菜、江篱、麒麟菜及同属其他藻类中提取出的一种高分子多糖，主要成分为琼脂糖及琼脂胶。琼脂的作用主要用于制作冻制甜食、花式工艺菜，也可与蛋白、糖等配合制成琼脂蛋白膏，用于各种裱花点心和蛋糕。

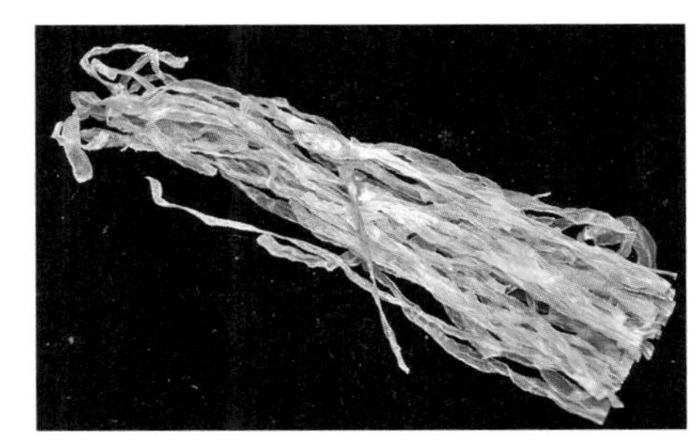

图 4.30　琼脂

琼脂的冷却温度在 40 ℃左右，即当琼脂在 40 ℃以上时会成液体，低于 40 ℃时会逐渐凝固成固体，在使用时应掌握这个特点。琼脂在使用时还应避免熬制时间过长，以免与酸、盐长时间共热而影响凝固效果。

**（3）果胶（Pectin）**

果胶是从植物果实中提取的由半乳糖醛酸缩合而成的多糖类物质。它可与糖、酸、钙作用形成凝胶。商品类果胶通常有果胶粉和液体果胶两种。水与果胶粉的比例为 1 ：（0.02 ~ 0.03）时即可形成形态良好的果冻。因此果胶通常可用于制作枇杷冻、桃冻等冻制甜食，还可用于制作果酱馅料等，有增加糕点黏软性、防止糕点硬化的特点。

**（4）海藻胶（Algin）**

海藻胶是一种在褐藻（海带、巨藻类等）中提炼出来的纯天然辅助剂。这些藻类都生长于爱尔兰、苏格兰、南北美洲、澳大利亚、新西兰、南非等国家和地区。与前几种凝胶作用不同之处在于它不能单独使用，而必须与钙离子结合形成海藻酸钙凝胶才能起到增稠的作用。

海藻胶的使用最早是在工业化食品中，随着分子料理的出现，它越来越多地被使用，成为分子料理中球化技术的最佳产品。通常其溶解时间越长，胶化效果越好，但遇酸胶化性会减弱。

### 2）生物凝胶剂

生物凝胶剂是从富含蛋白质的动物原料或微生物原料中制取的，如明胶、蛋白冻、鱼胶等。

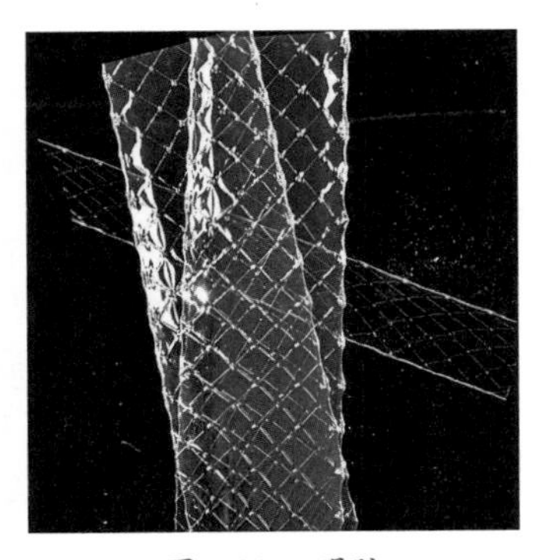

图 4.31　明胶

**（1）食用明胶（Gelatin）**

食用明胶（图 4.31）是胶原蛋白在水中的热解产物多肽的聚合物，常用动物的皮、骨、韧带等富含胶原蛋白的组织在加碱或酸的热水中长时间熬煮后经浓缩、干燥而成。通常有明胶粉和明胶片两种，在西餐中常用于制作胶冻类冷菜、甜点等。

**（2）黄原胶（Xanthan Gum）**

黄原胶又名汉生胶，主要通过培养黄单胞杆菌提取制得。常用于面包、冰淇淋、乳制品、肉制品、果酱及果品的生产。在分子料理中它主要用于慕斯的制作，也可用于油水混合。

黄原胶不管冷、热都可以很好地溶解于液体中，温度趋于稳定时，含黄原胶的液体会黏化和假塑化，小分子也可以在非常稀的液体中稳定下来。这个特性使黄原胶在慕斯和酱汁的制作中发挥重要的作用。它也能与液体和气体分子，比如碳酸，结合在一起，这使我们制作香槟汤等成为可能。

## 2.3.2 膨松剂

膨松剂亦称膨胀剂或疏松剂。在调制面团时加入膨松剂，当面团受热后，膨松剂产生的气体会使面坯或菜点起发，在内部形成均匀的致密的多孔性组织，从而使制品具有酥脆或松软的特性。

目前，烹饪行业中广泛使用的膨松剂有生物膨松剂和化学膨松剂两大类。

### 1）生物膨松剂

生物膨松剂是利用微生物发酵产生二氧化碳气体而发挥膨松作用的膨松剂。酵母菌是生物膨松剂的主要成分，在面团中生长繁殖时利用糖进行发酵生成二氧化碳气体和醇类（乙醇、丙醇等）、有机酸（醋酸、乳酸、琥珀酸）、醛类（乙醛、丙醛）、酯类等，并产生一定营养物质，因此酵母菌除了能产生膨松作用外还能增加面点食品的营养价值和风味。常用的生物膨松剂有压榨鲜酵母和活性干酵母，相对而言后者因称量、携带及保藏更方便而被广泛使用。生物膨松剂使用时需注意对温度的控制，掌握好发酵的时间及质量，过度发酵会产生酸味。

### 2）化学膨松剂

化学膨松剂是一些遇水后会发生化学反应而产生大量气体的化学物质，可使面团疏松多孔，还可节省发酵时间，并可忽略环境因素对膨发效果的影响，但是缺乏采用生物膨松剂发酵时产生的独特风味。通常化学膨松剂根据其组成成分可分为单一膨松剂和复合膨松剂两类。

**（1）单一膨松剂**

单一膨松剂一般只有一种化学成分，遇水或遇热后会产生二氧化碳等气体，从而使制品达到膨松的效果。单一膨松剂通常为强碱弱酸盐，常用的有小苏打、臭粉等（表 4.5）。

**表 4.5　单一膨松剂比较表**

| 单一膨松剂 | 化学名 | 产生的气体 | 运　用 |
|---|---|---|---|
| 小苏打 | 碳酸氢钠 | 二氧化碳 | 利用其碱性在烹饪中去除油腻、调整面团酸度、使动物肌肉纤维增加吸水能力和软化嫩化肌肉、保护绿色蔬菜颜色、使干货原料胀发等 |
| 臭粉 | 碳酸氢氨 | 二氧化碳、氨气 | 与小苏打相比，会使成品产生氨气的特殊气味，通常用于广式点心的制作，在西餐菜点中较少出现 |

**（2）复合膨松剂**

复合膨松剂通常由几种原料配制而成，既有能产生气体的化学成分，又有能使制品性能稳定的成分，因此整体性能更佳。常用的复合膨松剂有发酵粉、矾碱盐等（表 4.6）。

表 4.6　复合膨松剂比较表

| 复合膨松剂 | 所含成分 | 运　用 |
| --- | --- | --- |
| 发酵粉<br>（泡打粉、发粉） | 碳酸氢钠、酒石酸、填充剂 | 在西餐，尤其是西点制作中被广泛使用 |
| 矾碱盐 | 硫酸钾铝、碳酸钠、氯化钠 | 在饼干的工业化制作中常使用 |

## 【练习与思考】

### 一、选择题

1. 常用的化学膨松剂中，水解即产生二氧化碳的是（　　）。

A. 小苏打　　B. 臭粉　　C. 食碱　　D. 泡打粉

2. 发酵粉是由多种原料配制而成的（　　）。

A. 复合膨松剂　　B. 单一膨松剂　　C. 碱性膨松剂　　D. 酸性膨松剂

### 二、判断题

1. 常用的化学膨松剂有两类：一类是发酵粉、小苏打、臭粉；另一类是矾碱盐。前一类可以单独使用，后一类可以结合使用。（　　）

2. 发酵粉是由几种原料配制而成的复合膨松剂。（　　）

3. 臭粉遇潮分解，会产生二氧化碳和氨气。（　　）

### 三、实践活动——趣味小实验

取 50 克面粉各 3 份，第一份加 25 克水，第二份加 1 克干酵母、3 克糖和 25 克水，第三份加 1 克干酵母、3 克糖、1 克泡打粉和 25 克水，分别揉成团，制成面团 1、面团 2 和面团 3，在室温下放置一段时间，观察面团醒发程度。

| 面　团 | 时　间 | 面团状态（体积、质地） |
| --- | --- | --- |
| 面团 1 | 0.5 小时 | |
| | 2 小时 | |
| | 4 小时 | |
| 面团 2 | 0.5 小时 | |
| | 2 小时 | |
| | 4 小时 | |
| 面团 3 | 0.5 小时 | |
| | 2 小时 | |
| | 4 小时 | |

[1] 李顺发，朱长征 . 西餐烹调技术［M］. 北京：中国轻工业出版社，2017.

[2] 王兰 . 烹饪原料学［M］.2 版 . 南京：东南大学出版社，2018.

[3] 王森 . 西餐大全［M］. 青岛：青岛出版社，2017.

[4] 哈洛德·马基 . 食物与厨艺：面食·酱料·甜点·饮料［M］. 蔡承志，译 . 北京：北京美术摄影出版社，2013.

[5] 人力资源和社会保障部教材办公室，中国就业培训技术指导中心上海分中心，上海市职业技能鉴定中心 . 西式烹调师（五级）［M］. 北京：中国劳动社会保障出版社，2014.

[6] 中央电视台纪录频道 . 舌尖上的中国［M］. 北京：光明日报出版社，2012.

[7] 辰子，兰茨 . 世界美食地图［M］. 桂林：广西师范大学出版社，2008.

[8] 唐进 . 西餐烹调教程 [M]. 北京：中国轻工业出版社，2015.

[9] 人力资源和社会保障部教材办公室 . 西餐烹调基础 [M].4 版 . 北京：中国劳动社会保障出版社，2015.

[10] 戴夫·德威特 . 达·芬奇的秘密厨房：一段意大利烹饪的秘史［M］. 梅佳，译 . 北京：新星出版社，2008.

[11] 科斯汀·奥尔森 . 简·奥斯汀食谱［M］. 袁阳，霍喆，译 . 上海：东方出版中心，2008.

[12] 杰尼·莱特，埃里克·朱莉 . 法国蓝带西餐烹饪宝典［M］. 丛龙岩，译 . 北京：中国轻工业出版社，2013.